Antje Haan

EUROPA-FACHBUCHREIHE
ELEKTROTECHNIK

Formeln für Elektrotechniker

W0276728

12., überarbeitete Auflage

Bearbeitet von Ingenieuren und Lehrern
an beruflichen Schulen (siehe Rückseite)

VERLAG EUROPA-LEHRMITTEL · Nourney, Vollmer GmbH & Co. KG
Düsselberger Straße 23 · 42781 Haan-Gruiten

Europa-Nr.: 30105

Autoren:

Bastian, Peter	Techn. Oberlehrer, Elektroinstallateur-Meister	Kirchheim-Teck
Springer, Günter	Professor, Dr.	Stuttgart
Tkotz, Klaus	Dipl.-Ing. (FH)	Kronach
Winter, Ulrich	Dipl.-Ing., Ministerialrat	Kaiserslautern

Leitung des Arbeitskreises und Lektorat:
Klaus Tkotz

Bildbearbeitung:
Zeichenbüro des Verlags Europa-Lehrmittel, Ostfildern

Das vorliegende Buch wurde auf der **Grundlage der aktuellen amtlichen Rechtschreibregeln** erstellt.

12. Auflage 2005
Druck 5
Alle Drucke derselben Auflage sind parallel einsetzbar, da sie bis auf die Behebung von Druckfehlern untereinander unverändert sind.

ISBN 978-3-8085-3362-8

Satz: Werbe- und Verlagsgesellschaft mbH, Kaarst
Druck: Konrad Triltsch Print und digitale Medien GmbH, 97199 Ochsenfurt-Hohestadt

Sehr geehrte Leserin,
sehr geehrter Leser,

die „Formeln für Elektrotechniker" erfreuen sich unter den Fachleuten und Anwendern nach wie vor großer Beliebtheit. Die nun vorliegende 12. Auflage wurde neu geordnet und in den Kapiteln

- Wechselstromtechnik,
- Schutzmaßnahmen,
- Leitungsberechnung,
- Elektronik und
- Regelungstechnik

erweitert.

Die Formelzeichen entsprechen DIN 1304. Eine Kennzeichnung der Betriebsmittel erfolgt nach der neuen Norm DIN EN 61346-2. Wichtiges Anliegen ist uns das rasche Auffinden. Am Seitenrand sehen Sie daher die jeweilige Kapiteleinteilung, oben auf der Seite den Seiteninhalt.

Der vierspaltige Aufbau (Bild, Formelzeichen und Formelzeichenerklärung, Einheit bzw. Einheitenbeziehungen, Formel) garantiert ein rasches Auffinden der Formeln. Jedes in der Formelsammlung vorkommende Formelzeichen ist unmittelbar neben der Formel in einer so genannten Legende erklärt. Eine Zusammenstellung aller im Buch verwendeten Größen, Formelzeichen und Einheiten ermöglicht, ebenso wie das ausführliche Sachwortverzeichnis und das Inhaltsverzeichnis, den sicheren Zugriff.

Diese Formelsammlung ist für alle Elektroberufe des Handwerks und der Industrie geeignet.

ℹ Einsetzbar in allen Lernfeldern.

Autoren und Verlag wünschen Ihnen viel Erfolg.

Für Hinweise und Verbesserungsvorschläge sind wir dankbar.

Winter 2004/2005

* siehe vordere bzw. hintere Umschlag-Innenseite

Tabelle 1*: **Wichtige Formelzeichen, Größen und Einheiten** – siehe vordere und hintere Umschlag-Innenseite

Tabelle 2: SI-Basisgrößen und SI-Basiseinheiten (Grundeinheiten)

Basisgröße	Formelzeichen	Einheit	Einheitenzeichen	Basisgröße	Formelzeichen	Einheit	Einheitenzeichen
Länge	l	Meter	m	**Stromstärke**	I	Ampere	A
Masse	m	Kilogramm	kg	**Temperatur**	T	Kelvin	K
Zeit	t	Sekunde	s	**Lichtstärke**	I_v	Candela	cd
Stoffmenge	ν	Mol	mol				

Tabelle 3: Vielfache und Teile von Einheiten

E	Exa	$= 10^{18}$	= 1 000 000 000 000 000 000	(Trillion)
P	Peta	$= 10^{15}$	= 1 000 000 000 000 000	(Biliarde)
T	Tera	$= 10^{12}$	= 1 000 000 000 000	(Billion)
G	Giga	$= 10^{9}$	= 1 000 000 000	(Mill
M	Mega	$= 10^{6}$	= 1 000 000	(Million)
k	Kilo	$= 10^{3}$	= 1 000	
h	Hekto	$= 10^{2}$	= 100	
da	Deka	$= 10^{1}$	= 10	
d	Dezi	$= 10^{-1}$	= 0,1	
c	Zenti	$= 10^{-2}$	= 0,01	
m	Milli	$= 10^{-3}$	= 0,001	
µ	Mikro	$= 10^{-6}$	= 0,000 001	
n	Nano	$= 10^{-9}$	= 0,000 000 001	
p	Piko	$= 10^{-12}$	= 0,000 000 000 001	
f	Femto	$= 10^{-15}$	= 0,000 000 000 000 001	
a	Atto	$= 10^{-18}$	= 0,000 000 000 000 000 001	

Tabelle 4: Mathematische Zeichen

=	gleich	Δ	Differenz
≠	ungleich	Σ	Summe
≈	ungefähr gleich	‖	parallel
≙	entspricht	⊥	rechtwinklig zu, senkrecht auf
~	proportional	→	zugeordnet
>	größer als	∞	unendlich
<	kleiner als	∡	Winkel
≥	größer oder gleich	$\overline{AB}$	Strecke AB
≤	kleiner oder gleich	$\overset{\frown}{AB}$	Bogen AB
≫	wesentlich größer als	log	Logarithmus (allgemein)
≪	wesentlich kleiner als	$\log_a$	Logarithmus zur Basis a
⇒	aus .. folgt	lg	Zehnerlogarithmus
⇔	ist äquivalent zu	ln	natürlicher Logarithmus, Basis e (e = 2,718…)
∧	UND	$\sqrt{\ }$	Quadratwurzel aus
∨	ODER		
|z|	Betrag von z		
%	Prozent		
‰	Promille		

Tabelle 5: Wichtige physikalische Konstanten

elektrische Feldkonstante	ε_0	$= 8{,}854 \cdot 10^{-12}$ As/Vm
magnetische Feldkonstante	μ_0	$= 1{,}257 \cdot 10^{-6}$ Vs/Am
Lichtgeschwindigkeit	c_0	$= 2{,}998 \cdot 10^{8}$ m/s
Fallbeschleunigung, örtliche	g	$= 9{,}81$ m/s²
Faraday-Konstante	F	$= 9{,}6485 \cdot 10^{4}$ As/mol
absoluter Nullpunkt	ϑ_0	$= -273{,}15$ °C
Avogadro-Konstante	N_A	$= 6{,}022 \cdot 10^{23}$ 1/mol

Elektron:			
Elementarladung	e	$= 1{,}602 \cdot 10^{-19}$	As
Ruhemasse	m_e	$= 0{,}9109 \cdot 10^{-27}$	g
Spezifische Ladung	$\frac{e}{m_e}$	$= 1{,}7588 \cdot 10^{8}$ As/g	
Neutron:			
Ruhemasse	m_n	$= 1{,}6748 \cdot 10^{-24}$	g
Proton:			
Ruhemasse	m_p	$= 1{,}6725 \cdot 10^{-24}$	g
Spezifische Ladung	$\frac{e}{m_p}$	$= 9{,}5788 \cdot 10^{4}$ As/g	
Atomare Masseneinheit	u	$= 1{,}6602 \cdot 10^{-24}$	g

Tabelle 6: Griechisches Alphabet

α Α	β Β	γ Γ	δ Δ	ε Ε	ζ Ζ	η Η	ϑ Θ	ι Ι	ϰ Κ	λ Λ	μ Μ
Alpha	Beta	Gamma	Delta	Epsilon	Zeta	Eta	Theta	Jota	Kappa	Lambda	My
ν Ν	ξ Ξ	ο Ο	π Π	ϱ Ρ	σ Σ	τ Τ	υ Υ	φ Φ	χ Χ	ψ Ψ	ω Ω
Ny	Ksi	Omikron	Pi	Rho	Sigma	Tau	Ypsilon	Phi	Chi	Psi	Omega

* Weitere Tabellen ab Seite 54.

1 Mathematische Grundlagen

1.1 Summieren, Multiplizieren

Kommutativgesetz

$a+b+c = a+c+b = b+c+a$

$a \cdot b \cdot c = a \cdot c \cdot b = b \cdot c \cdot a$

Assoziativgesetz

$a+b+c+d = a+(b+c+d) = (a+c)+(b+d)$

$a-b+c-d = a-(b-c+d) = (a+c)-(b+d)$

$a \cdot b \cdot c \cdot d = a \cdot (b \cdot c \cdot d) = (a \cdot c) \cdot (b \cdot d)$

Regeln für das Rechnen mit Vorzeichen

$(+a)+(+b) = a+b$ | $(+a)-(-b) = a+b$ | $(+a)-(+b) = a-b$ | $(+a)+(-b) = a-b$

$(+a)\cdot(+b) = +a \cdot b = ab$ $\quad$ $(+a)\cdot(-b) = -a \cdot b = -ab$

$(-a)\cdot(-b) = +a \cdot b = ab$ $\quad$ $(-a)\cdot(+b) = -a \cdot b = -ab$

Distributivgesetz

$\mathbf{a}\cdot(c+d) = \mathbf{a}c+\mathbf{a}d$ | $\mathbf{a}\cdot(c-d) = \mathbf{a}c-\mathbf{a}d$ | $a-\mathbf{b}c-\mathbf{b}d+\mathbf{b}e = a-\mathbf{b}(c+d-e)$

$(a+b)\cdot(c+d) = ac+ad+bc+bd$ $\quad$ $(a+b)^2 = a^2+2ab+b^2$

$(a-b)\cdot(c-d) = ac-ad-bc+bd$ $\quad$ $(a-b)^2 = a^2-2ab+b^2$

$(a+b)\cdot(c-d) = ac-ad+bc-bd$ $\quad$ $(a+b)\cdot(a-b) = a^2-b^2$

1.2 Rechnen mit Brüchen

Vorzeichenregeln

$\frac{+a}{+b} = +\frac{a}{b} = \frac{a}{b}$ $\quad$ $\frac{-a}{-b} = +\frac{a}{b} = \frac{a}{b}$ $\quad$ $\frac{-a}{+b} = -\frac{a}{b}$ $\quad$ $\frac{+a}{-b} = -\frac{a}{b}$

Rechenregeln

Kürzen mit *k*:

$\frac{a\mathbf{k}}{b\mathbf{k}} = \frac{a \cdot \mathbf{k}}{b \cdot \mathbf{k}} = \frac{a}{b}$

Erweitern mit *n*:

$\frac{a}{b} = \frac{a \cdot \mathbf{n}}{b \cdot \mathbf{n}} = \frac{a\mathbf{n}}{b\mathbf{n}}$

Summieren:

$\frac{a}{\mathbf{d}} + \frac{b}{\mathbf{d}} = \frac{a+b}{\mathbf{d}}$

$\frac{a}{\mathbf{d}} - \frac{b}{\mathbf{d}} = \frac{a-b}{\mathbf{d}}$

Summieren:

$\frac{a}{\mathbf{c}} + \frac{b}{\mathbf{d}} = \frac{a\mathbf{d}+b\mathbf{c}}{\mathbf{cd}}$

$\frac{a}{\mathbf{c}} - \frac{b}{\mathbf{d}} = \frac{a\mathbf{d}-b\mathbf{c}}{\mathbf{cd}}$

Multiplizieren:

$\frac{a}{b} \cdot \mathbf{c} = \frac{a \cdot \mathbf{c}}{b} = \frac{ac}{b}$

Multiplizieren:

$\frac{a}{b} \cdot \frac{\mathbf{c}}{\mathbf{d}} = \frac{a \cdot \mathbf{c}}{b \cdot \mathbf{d}} = \frac{ac}{bd}$

Dividieren:

$\frac{a}{b} : \mathbf{c} = \frac{a}{b \cdot \mathbf{c}} = \frac{a}{bc}$

Dividieren:

$\frac{a}{b} : \frac{\mathbf{c}}{\mathbf{d}} = \frac{a \cdot \mathbf{d}}{b \cdot \mathbf{c}} = \frac{ad}{bc}$

Wichtige Anwendungen:

$\frac{ak+bk}{ck} = \frac{k(a+b)}{ck} = \frac{a+b}{c}$; $\frac{a}{b+c} + \frac{d}{e} = \frac{ae+(b+c)\cdot d}{(b+c)\cdot e}$; $\frac{1}{a} = \frac{1}{b} + \frac{1}{c} = \frac{b+c}{b \cdot c} \Rightarrow a = \frac{b \cdot c}{b+c}$

1.3 Potenzen, Wurzeln, Logarithmen

Potenzen mit ganzen Zahlen als Exponenten

a Grundzahl (Basis)
n Hochzahl (Exponent)
c Potenzwert

$$c = \underbrace{a \cdot a \cdot a \cdot \ldots \cdot a}_{n\ \text{Faktoren}} \rightarrow \boxed{a^n = c}$$

$$a^m \cdot a^n = a^{m+n} \qquad \frac{a^m}{a^n} = a^{m-n} \qquad a^0 = 1 \qquad \frac{1}{a^n} = a^{-n}$$

$$a^m \cdot b^m = (a \cdot b)^m \qquad \frac{a^m}{b^m} = \left(\frac{a}{b}\right)^m \qquad \frac{a^m}{b^m} = a^m \cdot b^{-m} \qquad (a^m)^n = a^{m \cdot n}$$

Potenzen mit Brüchen als Exponenten (Wurzeln)

a Wurzel
n Wurzelexponent
c Radikand

$$c = \underbrace{a \cdot a \cdot a \cdot \ldots \cdot a}_{n\ \text{Faktoren}} \Rightarrow \sqrt[n]{c} = a \qquad \boxed{\sqrt[n]{c} = c^{\frac{1}{n}}}$$

$$\sqrt[n]{c \cdot d} = \sqrt[n]{c} \cdot \sqrt[n]{d} \qquad \sqrt[n]{\frac{c}{d}} = \frac{\sqrt[n]{c}}{\sqrt[n]{d}} = \left(\frac{c}{d}\right)^{\frac{1}{n}} \qquad \sqrt[n]{c^m} = c^{\frac{m}{n}} \qquad a^2 = c \Rightarrow a = \pm\sqrt{c}$$

Logarithmen

n Logarithmus
a Basis
c Numerus

$$c = a^n \Rightarrow \boxed{\log_a c = n}$$

Zehnerlogarithmus (dekadischer Logarithmus): $\log_{10} c = \lg c$
Natürlicher Logarithmus ($e = 2{,}718\ldots$): $\log_e c = \ln c$
Zweierlogarithmus (binärer Logarithmus): $\log_2 c = \operatorname{lb} c$

$$\log_a c + \log_a d = \log_a (c \cdot d) \qquad \log_a c - \log_a d = \log_a \left(\frac{c}{d}\right) \qquad -\log_a d = \log_a \left(\frac{1}{d}\right)$$

$$k \cdot \log_a c = \log_a (c^k) \qquad \frac{1}{n} \cdot \log_a c = \log_a \left(\sqrt[n]{c}\right) \qquad \log_b c = \frac{\log_a c}{\log_a b} = \log_a c \cdot \log_b a$$

1.4 Winkel, Winkeleinheiten

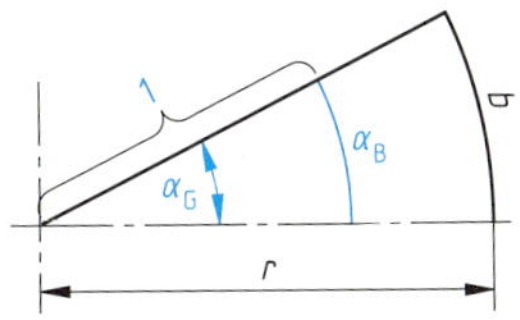

α_B Winkel im Bogenmaß, Einheit Radiant (rad)
α_G Winkel, Einheit Grad (°)
b Bogenlänge
r Radius

$$\alpha_B = \frac{b}{r}\ ; \quad \text{rad} = \frac{\text{m}}{\text{m}} = 1$$

$$\alpha_B = \frac{\alpha_G}{360°} \cdot 2\,\pi\,\text{rad}$$

$$\alpha_G = \frac{\alpha_B}{2\,\pi\,\text{rad}} \cdot 360°$$

1.5 Rechnen am Dreieck

Satz des Pythagoras

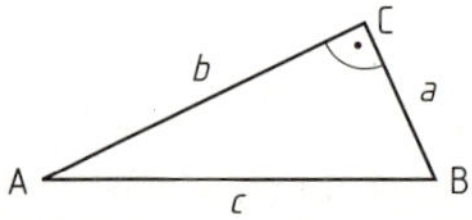

c Hypotenuse
a Kathete
b Kathete

$$c^2 = a^2 + b^2 \qquad c = \sqrt{a^2 + b^2}$$

$$a = \sqrt{c^2 - b^2} \qquad b = \sqrt{c^2 - a^2}$$

Winkelfunktionen (Trigonometrische Funktionen)

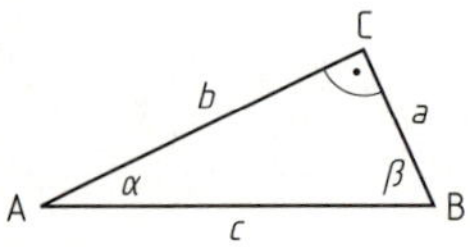

c Hypotenuse
a Gegenkathete von α, Ankathete von β
b Gegenkathete von β, Ankathete von α

$$\sin\alpha = \frac{a}{c} \qquad \cos\beta = \frac{a}{c}$$

$$\cos\alpha = \frac{b}{c} \qquad \sin\beta = \frac{b}{c}$$

$$\tan\alpha = \frac{a}{b} \qquad \cot\beta = \frac{a}{b}$$

$$\cot\alpha = \frac{b}{a} \qquad \tan\beta = \frac{b}{a}$$

Sinussatz, Kosinussatz

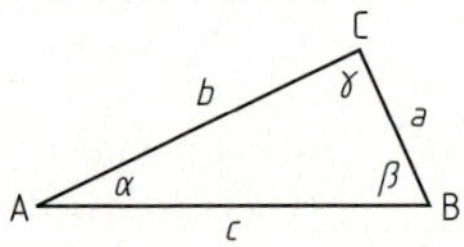

Sinussatz:

$$\frac{a}{b} = \frac{\sin\alpha}{\sin\beta}$$

$$\frac{b}{c} = \frac{\sin\beta}{\sin\gamma}$$

$$\frac{c}{a} = \frac{\sin\gamma}{\sin\alpha}$$

Kosinussatz:

$$a^2 = b^2 + c^2 - 2\,bc \cdot \cos\alpha$$

$$b^2 = a^2 + c^2 - 2\,ac \cdot \cos\beta$$

$$c^2 = a^2 + b^2 - 2\,ab \cdot \cos\gamma$$

1.6 Zahlensysteme, BCD-Code, Rechenregeln

Zahlensysteme:

Dezimalzahl	Dualzahl	Sedezimalzahl
0	0	0
$1 = 2^0$	1	1
$2 = 2^1$	10	2
3	11	3
$4 = 2^2$	100	4
5	101	5
6	110	6
7	111	7
$8 = 2^3$	1000	8
9	1001	9
10	1010	A
11	1011	B
12	1100	C
13	1101	D
14	1110	E
15	1111	F
$16 = 2^4$	10000	10

* Pseudotetrade, bewirkt Rückstellung und Übertrag auf die nächste Dekade.
** Korrektursummand beim Übertrag.

BCD-(8-4-2-1-) Code:

Dezimalzahl	Stellenwert:	8421
0	0000	0000
1	0000	0001
2	0000	0010
3	0000	0011
4	0000	0100
5	0000	0101
6	0000	0110
7	0000	0111
8	0000	1000
9	0000	1001
*	0000	1010
**		+0110
10	0001	0000
11	0001	0001
12	0001	0010
13	0001	0011
14	0001	0100
15	0001	0101
16	0001	0110
17	0001	0111
18	0001	1000
19	0001	1001
*	0001	1010
**		+0110
20	0010	0000

Rechenregeln:

00 + 0 = 00	00 − 0 = 00
01 + 0 = 01	01 − 0 = 01
00 + 1 = 01	00 − 1 = −01
01 + 1 = 10	01 − 1 = 00
011 + 10 = 101	011 − 10 = 001
011 + 11 = 110	011 − 100 = −001

1 · 1 = 1
0 · 0 = 0
1 · 0 = 0
0 · 1 = 0
0 : 1 = 0
1 : 1 = 1

2 Längen- und Flächenberechnungen

2.1 Drahtlängen von Rundspulen und von Rechteckspulen

Rundspulen

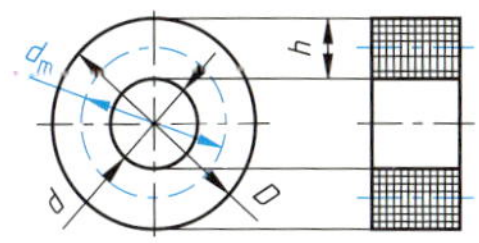

l	Drahtlänge
D, d	Durchmesser
d_m	mittlerer Durchmesser
h	Höhe (Wickelhöhe)
N	Windungszahl

$h = \frac{D-d}{2}$

$d_m = d + h$

$d_m = D - h$

$$l = \pi \cdot d_m \cdot N$$

$$d_m = \frac{D+d}{2}$$

Rechteckspulen

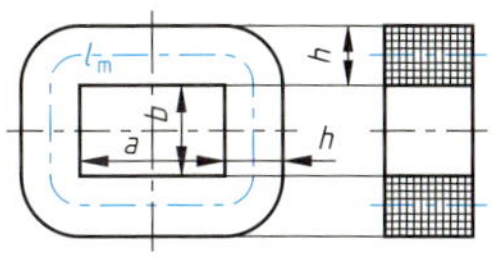

l	Drahtlänge
l_m	mittlere Windungslänge
a	Länge
b	Breite
h	Wickelhöhe
N	Windungszahl

$$l = (2a + 2b + \pi \cdot h) \cdot N$$

$l = l_m \cdot N$

2.2 Flächen

Quadrat

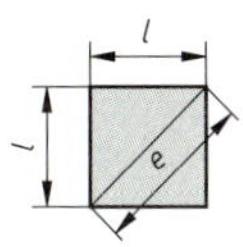

A	Fläche
l	Seitenlänge
U	Umfang
e	Eckenmaß, Diagonale

$l = \sqrt{A}$

$e = \sqrt{2} \cdot l$

$$A = l^2$$

$$u = 4 \cdot l$$

Rechteck

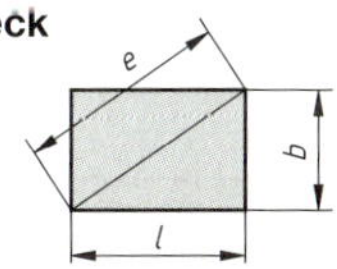

A	Fläche
l	Länge
b	Breite
u	Umfang
e	Eckenmaß, Diagonale

$e = \sqrt{l^2 + b^2}$

$$A = l \cdot b$$

$$u = 2\,(l + b)$$

Raute

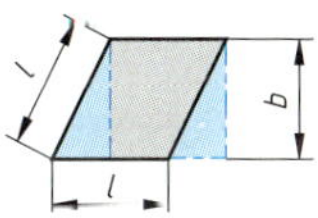

A	Fläche
l	Länge
b	Breite
u	Umfang

$$A = l \cdot b$$

$$u = 4 \cdot l$$

Parallelogramm

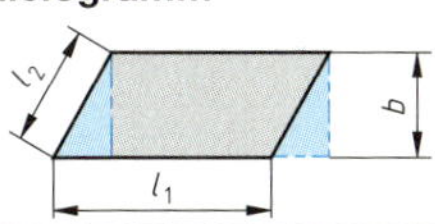

A	Fläche
l_1, l_2	Längen der Seiten
b	Breite
u	Umfang

$$A = l_1 \cdot b$$

$$u = 2\,(l_1 + l_2)$$

Dreieck

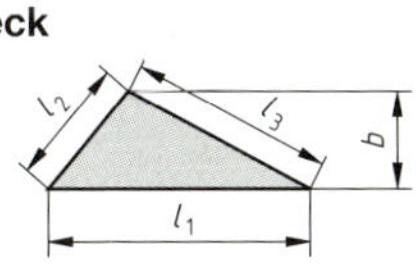

A	Fläche
l_1, l_2, l_3	Länge der Seiten
b	Breite
u	Umfang

$$A = \frac{l_1 \cdot b}{2}$$

$$u = l_1 + l_2 + l_3$$

Trapez

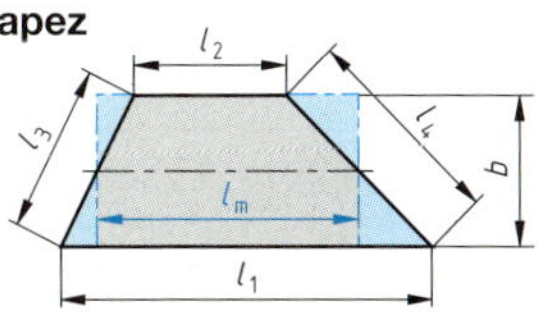

A	Fläche
b	Breite
l_1	große Länge
l_2	kleine Länge
l_m	mittlere Länge
l_3, l_4	Länge der Schrägseiten

$A = l_m \cdot b$

$l_m = \frac{l_1 + l_2}{2}$

$$A = \frac{l_1 + l_2}{2} \cdot b$$

$$u = l_1 + l_2 + l_3 + l_4$$

$u = 2 \cdot l_m + l_3 + l_4$

Regelmäßiges Vieleck

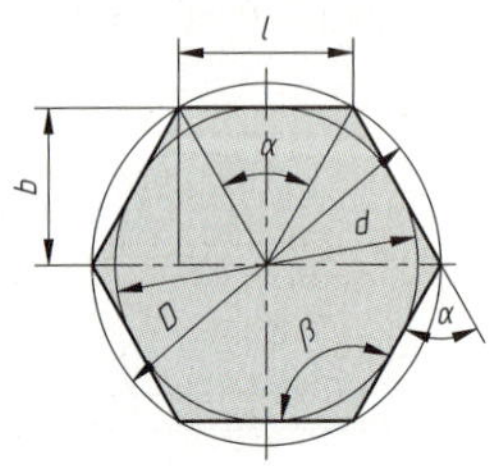

- A Fläche
- l Seitenlänge
- b Breite eines Teildreiecks
- n Eckenzahl
- u Umfang
- D Umkreisdurchmesser
- d Inkreisdurchmesser
- α Mittelpunktswinkel
- β Eckenwinkel

$$b = \frac{1}{2} \cdot d$$

$$A = \frac{l \cdot b}{2} \cdot n$$

$$u = l \cdot n$$

$$l = D \cdot \sin \frac{\alpha}{2}$$

$$\beta = 180° - \alpha$$

$$\alpha = \frac{360°}{n}$$

Kreis

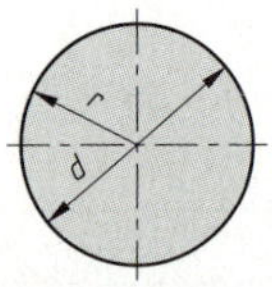

- A Kreisfläche
- d Durchmesser
- r Radius, Halbmesser
- u Umfang
- π Kreiszahl ($\pi = 3{,}1415\ldots$)

$$A = \frac{\pi \cdot d^2}{4} \qquad A = \pi \cdot r^2$$

$$u = \pi \cdot d \qquad u = 2\pi \cdot r$$

Kreisring

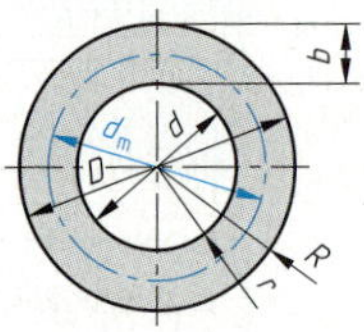

- A Kreisringfläche
- D Außendurchmesser
- d Innendurchmesser
- d_m mittlerer Durchmesser
- R, r Radien
- b Breite (Dicke)
- u_m mittlerer Kreisumfang (gestreckte Länge)

$$b = \frac{D - d}{2}$$

$$A = \frac{\pi}{4} (D^2 - d^2)$$

$$d_m = \frac{D + d}{2}$$

$$u_m = \pi \cdot d_m$$

Kreisausschnitt

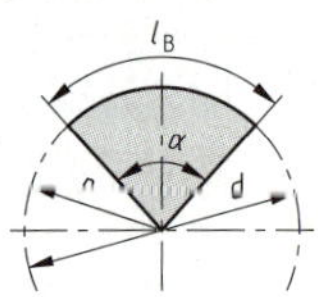

- A Fläche des Kreisausschnitts
- d Durchmesser
- r Radius
- l_B Bogenlänge
- α Innenwinkel

$$A = \frac{\pi \cdot d^2 \cdot \alpha}{4 \cdot 360°} \qquad A = \frac{r \cdot l_B}{2}$$

$$l_B = \frac{\pi \cdot d \cdot \alpha}{360°}$$

Kreisabschnitt

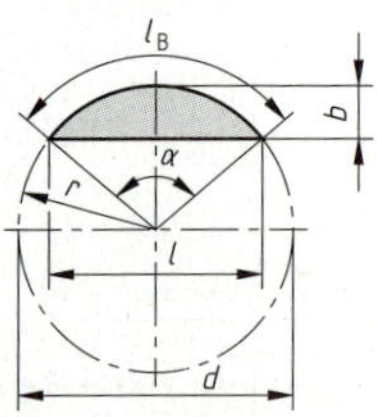

- A Fläche
- r Radius
- d Durchmesser
- l_B Bogenlänge
- l Sehnenlänge
- b Breite
- α Innenwinkel

$$l_B = \frac{\pi \cdot r \cdot \alpha}{180°}$$

$$A = \frac{l_B \cdot r - l(r - b)}{2}$$

$$A = \frac{\pi \cdot d^2}{4} \cdot \frac{\alpha}{360} - \frac{l(r - b)}{2}$$

Näherungsformel:

$$A \approx \frac{2}{3} \cdot l \cdot b$$

Ellipse

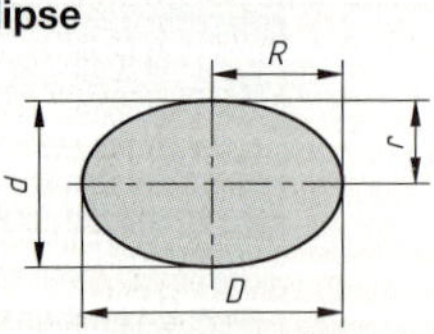

- A Fläche
- d kleine Achse
- D große Achse
- r kleine Halbachse
- R große Halbachse
- u Umfang

$$A = \frac{\pi \cdot D \cdot d}{4} \qquad A = \pi \cdot R \cdot r$$

$$u \approx \pi \cdot \frac{D + d}{2} \qquad u \approx \pi \cdot (R + r)$$

3 Körper-, Volumen- und Masseberechnungen

3.1 Volumen und Oberflächen

Würfel

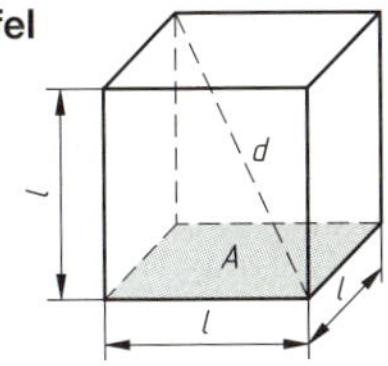

V	Volumen	
A	Grundfläche	
l	Kantenlänge	
A_o	Oberfläche	$A = l^2$
d	Raumdiagonale	

$$V = A \cdot l \qquad V = l^3$$

$$A_o = 6 \cdot l^2 \qquad d = l \cdot \sqrt{3}$$

Prisma

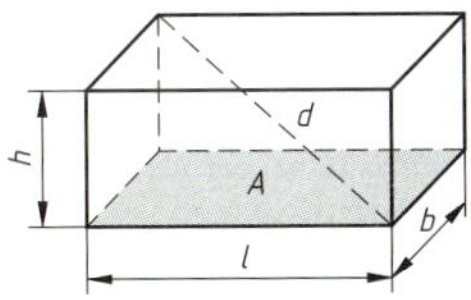

V	Volumen	
A	Grundfläche	$A = l \cdot b$
h	Höhe	
l	Länge	
b	Breite	
A_o	Oberfläche	
d	Raumdiagonale	

$$V = A \cdot h$$

$$V = l \cdot b \cdot h$$

$$A_o = 2 \cdot (l \cdot b + l \cdot h + b \cdot h)$$

$$d = \sqrt{l^2 + h^2 + b^2}$$

Zylinder

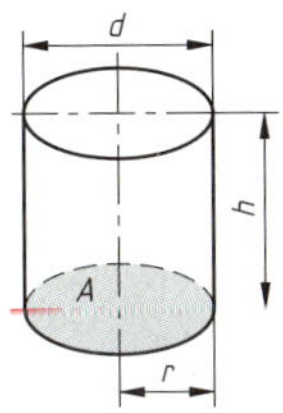

V	Volumen	$A = \pi r^2$
A	Grundfläche	$A = \frac{\pi \cdot d^2}{4}$
h	Höhe	
d	Durchmesser	
r	Radius	$\pi = 3{,}1415\ldots$
A_o	Oberfläche	$\frac{\pi}{4} = 0{,}785\ldots$

$$V = A \cdot h$$

$$V = \frac{\pi \cdot d^2}{4} \cdot h$$

$$A_o = \pi \cdot d \cdot h + \frac{\pi \cdot d^2}{2}$$

Kegel

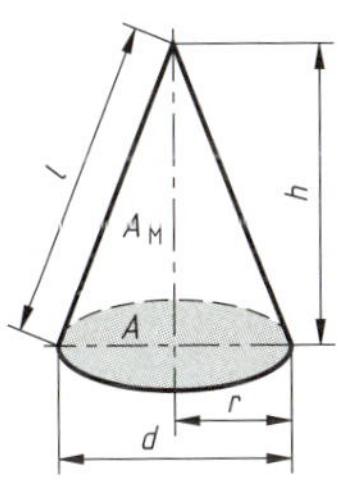

V	Volumen	$A = \frac{\pi \cdot d^2}{4}$
A	Grundfläche	
h	Höhe	
d	Durchmesser	
r	Radius	
l	Länge der Mantellinie	$l = \sqrt{h^2 + r^2}$
A_M	Mantelfläche	
A_o	Oberfläche	$A_o = A_M + A$

$$V = \frac{A \cdot h}{3}$$

$$V = \frac{\pi}{12} \, d^2 \cdot h$$

$$A_M = \pi \cdot r \cdot l$$

$$A_o = \pi \cdot r (l + r)$$

Kugel

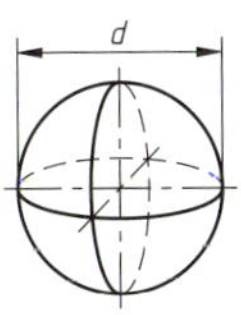

V	Volumen
d	Durchmesser
A_o	Oberfläche

$$V = \frac{\pi \cdot d^3}{6} \qquad A_o = \pi \cdot d^2$$

3.2 Masse und Gewichtskraft

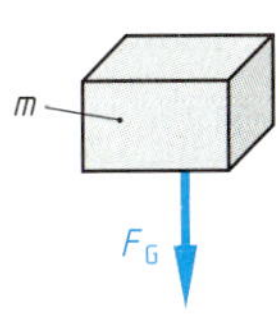

V	Volumen	$[\varrho] = \frac{kg}{dm^3}$ $\quad [m] = kg$
m	Masse	
ϱ	Dichte	$1\ \frac{t}{m^3} = 1\ \frac{kg}{dm^3} = 1\ \frac{g}{cm^3}$
F_G	Gewichtskraft	
g	Fallbeschleunigung (9,81 m/s²)	$[F_G] = \frac{kg \cdot m}{s^2} = N$

$$m = \varrho \cdot V$$

$F_G = m \cdot g$

$$F_G = \varrho \cdot V \cdot g$$

4 Mechanik

4.1 Kräfte

Einheit, Darstellung

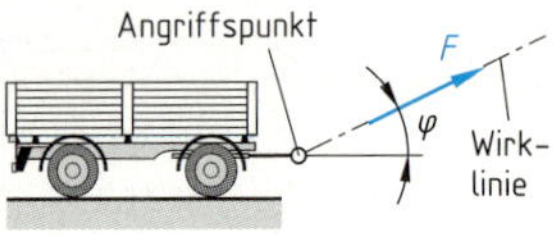

Formelzeichen: F Einheit: $[F] = \text{N}$ Einheitenname: Newton

Kräftemaßstab: z. B. 200 N ≙ 10 mm

Kraftbetrag ≙ Länge des Pfeils

Kraftrichtung = Richtung des Pfeils

Zusammensetzen von zwei Kräften

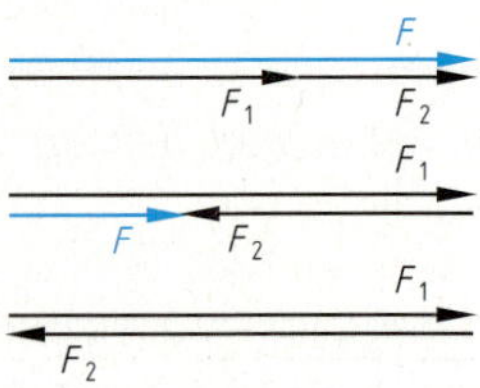

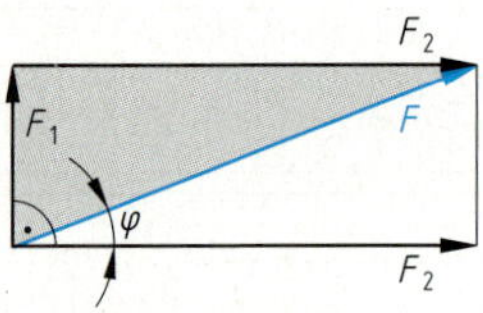

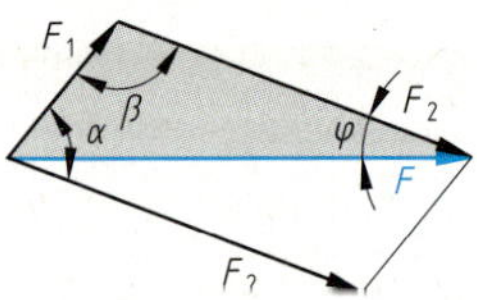

$F_1, F_2, \ldots$ Teilkräfte, Komponenten

F Gesamtkraft, Resultierende, Ersatzkraft

φ Winkel zwischen Teilkraft und Ersatzkraft

α Winkel zwischen den Teilkräften

β Winkel im Krafteck, $\beta = 180° - \alpha$

Für F_1, F_2 und F sind hier die Beiträge einzusetzen.

Teilkräfte gleichgerichtet:

$$F = F_1 + F_2$$

Teilkräfte entgegengerichtet:

$$F = F_1 - F_2$$

Gleichgewichtsbedingung:

$$F_1 - F_2 = 0$$

Teilkräfte senkrecht aufeinander:

$$F = \sqrt{F_1^2 + F_2^2}$$

$$\frac{F_1}{F_2} = \tan\varphi; \quad F = \frac{F_1}{\sin\varphi}; \quad F = \frac{F_2}{\cos\varphi}$$

Teilkräfte nicht senkrecht aufeinander:

$$F = \sqrt{F_1^2 + F_2^2 - 2 \cdot F_1 \cdot F_2 \cdot \cos\beta}$$

$$\frac{\sin\varphi}{\sin\beta} = \frac{F_1}{F}$$

Zerlegen einer Kraft in zwei Teilkräfte (Komponenten)

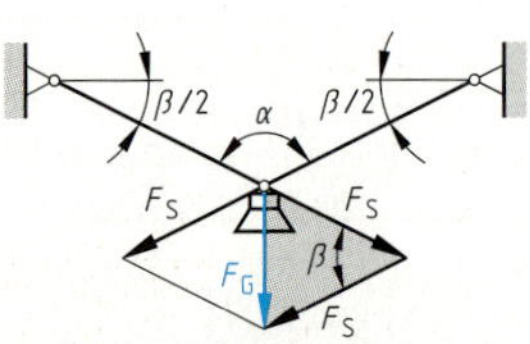

Aufhängung

F_G Gewichtskraft

F_S Seilkräfte

α Winkel zwischen den Seilkräften

β Winkel im Krafteck

$$\beta = 180° - \alpha \qquad F_S = \frac{F_G}{\sqrt{2\,(1 - \cos\beta)}}$$

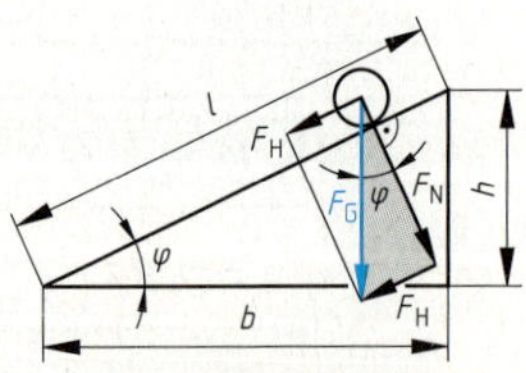

Schiefe Ebene

F_H Hangabtriebskraft

F_N Normalkraft

l Länge der schiefen Ebene

b Basislänge der schiefen Ebene

h Höhenunterschied

φ Neigungswinkel der schiefen Ebene

$$\sin\varphi = \frac{h}{l} \qquad \cos\varphi = \frac{b}{l} \qquad \tan\varphi = \frac{h}{b}$$

$$F_H = F_G \cdot \sin\varphi$$

$$F_N = F_G \cdot \cos\varphi$$

$$F_H = F_N \cdot \tan\varphi$$

4.2 Wirkungsgrad, Arbeitsgrad

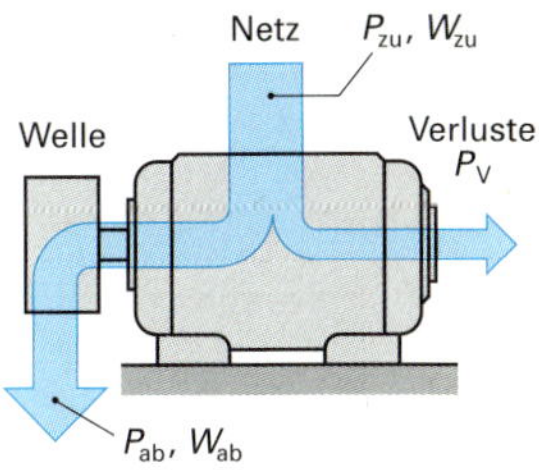

* η griech. Kleinbuchstabe eta;
** ξ griech. Kleinbuchstabe zeta

η*	Wirkungsgrad (Leistungsverhältnis)
P_{ab}	abgegebene, genutzte Leistung
P_{zu}	zugeführte Leistung, aufgewendete Leistung
ξ**	Arbeitsgrad, Nutzungsgrad (Arbeits-, Energieverhältnis)
W_{ab}	abgegebene, genutzte Energie
W_{zu}	zugeführte Energie, aufgewendete Energie
η	Gesamtwirkungsgrad
$\eta_1, \eta_2, \ldots$	Einzelwirkungsgrade

$$\eta = \frac{P_{ab}}{P_{zu}}$$

$$\xi = \frac{W_{ab}}{W_{zu}}$$

$$\eta = \eta_1 \cdot \eta_2 \cdot \eta_3 \ldots$$

5 Wärmelehre

5.1 Temperatur

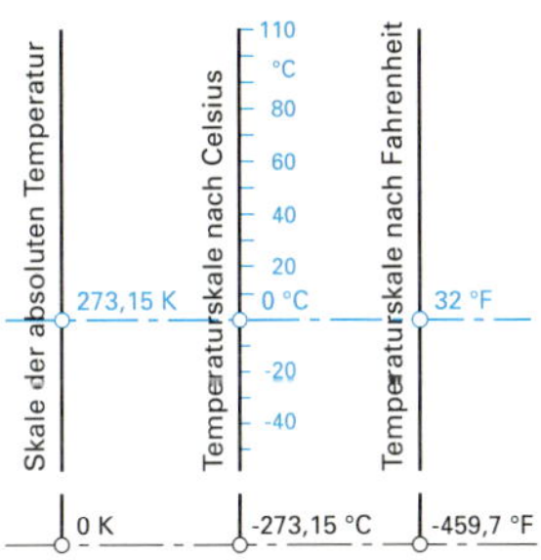

ϑ	Temperatur in Grad Celsius
$[\vartheta]$ = °C	
T	Temperatur in Kelvin
$[T]$ = K	
$\Delta\vartheta, \Delta T$	Temperaturdifferenz in Kelvin
$[\Delta\vartheta] = [\Delta T]$ = °C = K	
ϑ_F	Temperatur in Grad Fahrenheit

Absoluter Nullpunkt:

T_0 = 0 K $\hat{=}$ ϑ_0 = −273,15 °C ≈ −273 °C

Eispunkt des Wassers:

T_1 = 273,15 K ≈ 273 K $\hat{=}$ ϑ_1 = 0 °C

$$T = \left(273 + \frac{\vartheta}{°C}\right) K$$

$$\Delta\vartheta = \vartheta_2 - \vartheta_1$$
$$\Delta T = T_2 - T_1$$

$$\vartheta_F = \frac{9}{5}\,\vartheta + 32\,°F$$

5.2 Wärmedehnung

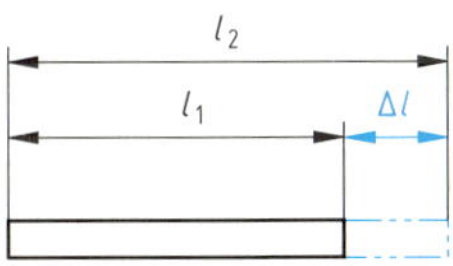

Δl, ΔV	Längen- bzw. Volumenänderung
l_1, V_1	Länge bzw. Volumen in kaltem Zustand
l_2, V_2	Länge bzw. Volumen in erwärmtem Zustand
$\Delta\vartheta$	Temperaturdifferenz
α_l	Längenausdehnungskoeffizient
γ	Volumenausdehnungskoeffizient

$$\Delta l = \alpha_l \cdot l_1 \cdot \Delta\vartheta$$
$$\Delta V = \gamma \cdot V_1 \cdot \Delta\vartheta$$
$$l_2 = l_1 (1 + \alpha_l \cdot \Delta\vartheta)$$
$$V_2 = V_1 (1 + \gamma \cdot \Delta\vartheta)$$

$\gamma \approx 3 \cdot \alpha_l$

$[\alpha_l] = [\gamma] = \frac{1}{°C} = \frac{1}{K}$

5.3 Wärmemenge

Wärmeaufnahme und Wärmeabgabe bei Temperaturänderung

Spezifische Wärmekapazität c	
Wasser	4,187 kJ/(kg · K)
Kupfer	0,39 kJ/(kg · K)
Aluminium	0,92 kJ/(kg · K)
Eisen	0,46 kJ/(kg · K)
Öl	1,67 kJ/(kg · K)

Weitere Werte für c Seite 54.

Q	Wärme, Wärmemenge
m	Masse
$\Delta\vartheta$	Temperaturdifferenz
ϑ_1	Anfangstemperatur
ϑ_2	Endtemperatur
c	spezifische Wärmekapazität
C_{th}	Wärmekapazität

$$\Delta\vartheta = \vartheta_2 - \vartheta_1$$

$$Q = c \cdot m \cdot \Delta\vartheta$$
$$C_{th} = c \cdot m$$
$$Q = C_{th} \cdot \Delta\vartheta$$

$[c] = \frac{kJ}{kg \cdot K}$; $[C_{th}] = \frac{kJ}{K}$

5 Wärmelehre

6 Elektrotechnik

6.1 Grundgesetze

Ohmsches Gesetz

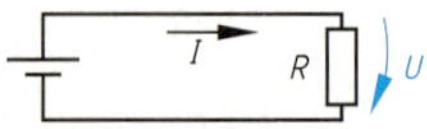

U	Spannung	$[U] = \text{V}$
I	Stromstärke	$[I] = \text{A}$
R	Widerstand	$[R] = \Omega$

$1\,\text{A} = 1\,\dfrac{\text{V}}{\Omega}$

$$I = \frac{U}{R}$$

Leiterwiderstand

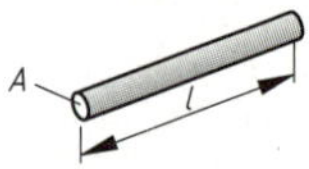

* Nach DIN 1304: für Querschnitt auch *S* oder *q*.

R	Leiterwiderstand
A*	Leiterquerschnitt
l	Leiterlänge
γ	elektr. Leitfähigkeit
ϱ	spezifischer Widerstand

$[\gamma] = \dfrac{\text{m}}{\Omega \cdot \text{mm}^2}$ $[\varrho] = \dfrac{\Omega \cdot \text{mm}^2}{\text{m}}$

Bei Nichtleitern und Halbleitern: $[\varrho] = \Omega \cdot \text{m}$ $1\,\dfrac{\Omega \cdot \text{mm}^2}{\text{m}} = 10^{-6}\,\Omega\text{m} = 10^{-4}\,\Omega\text{cm}$

$$R = \frac{l}{\gamma \cdot A}\,;\; R = \frac{\varrho \cdot l}{A}$$

$$\gamma = \frac{1}{\varrho}$$

Widerstand und Leitwert

R	Widerstand (Widerstandswert)
G	Leitwert

$[G] = \dfrac{1}{\Omega} = \text{S}$

$$G = \frac{1}{R}$$

Widerstand und Temperatur

Metall	α in 1/K
Kupfer	0,0039
Aluminium	0,004
Nickelin	0,00015
Konstantan	0,00004

Weitere Werte für α Seite 54.

ΔR	Widerstandsänderung
R_ϑ	Widerstand bei der Temperatur ϑ
R_{20}	Widerstand bei der Temperatur 20 °C
ϑ	Temperatur
ϑ_1	Anfangstemperatur
ϑ_2	Endtemperatur
$\Delta\vartheta$	Temperaturdifferenz
α	Temperaturkoeffizient

$[\Delta R] = \Omega$

$[\Delta\vartheta] = \text{K} = {}^\circ\text{C}$

$\Delta\vartheta = \vartheta_2 - \vartheta_1$

$\Delta R = R_\vartheta - R_{20}$

$[\alpha] = \dfrac{1}{\text{K}} = \dfrac{1}{{}^\circ\text{C}}$

$$\Delta R = \alpha \cdot R_{20} \cdot \Delta\vartheta$$

$$R_\vartheta = R_{20} + \Delta R$$

$$R_\vartheta = R_{20}\,(1 + \alpha \cdot \Delta\vartheta)$$

$$\Delta\vartheta = \frac{R_\vartheta - R_{20}}{\alpha \cdot R_{20}}$$

Stromdichte

Strombelastbarkeit von isolierten Leitungen Seite 55

*Nach DIN 1304: statt *J* auch *S*.

J*	Stromdichte
I	Stromstärke
A	Leiterquerschnitt

$[J] = \dfrac{\text{A}}{\text{mm}^2}$

$$J = \frac{I}{A}$$

Knotenregel (1. kirchhoffsche Regel)

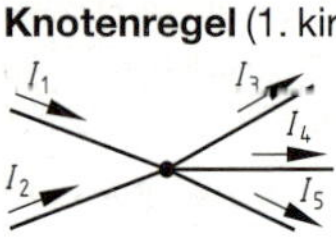

$I_1 + I_2 = I_3 + I_4 + I_5$

ΣI_{zu}	Summe der zufließenden Ströme
ΣI_{ab}	Summe der abfließenden Ströme
I_1, I_2	zufließende Ströme
I_3, I_4, I_5	abfließende Ströme

$$\Sigma I_{zu} = \Sigma I_{ab}$$

Maschenregel (2. kirchhoffsche Regel)

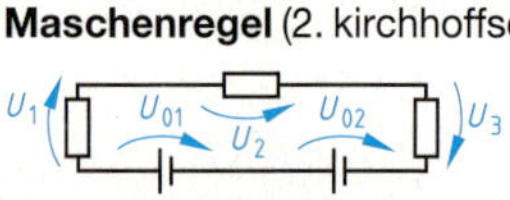

$U_1 + U_2 + U_3 = U_{01} + U_{02}$

ΣU_{erz}	Summe der Erzeugerspannungen
ΣU_{verbr}	Summe der Verbraucherspannungen
U_{01}, U_{02}	Erzeugerspannungen (U_{erz})
U_1, U_2, U_3	Verbraucherspannungen (U_{verbr})

$$\Sigma U_{erz} = \Sigma U_{verbr}$$

6.2 Schaltung von Widerständen

Reihenschaltung von Widerständen

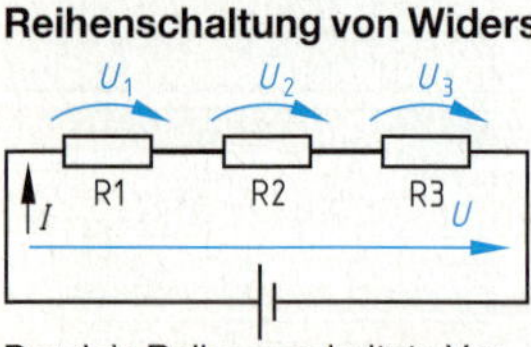

Durch in Reihe geschaltete Verbraucher fließt derselbe Strom.

R	Ersatzwiderstand (Gesamtwiderstand)
R_1, R_2, R_3	Einzelwiderstände
U	Gesamtspannung
U_1, U_2, U_3	Teilspannungen, Verbraucherspannungen
I	Stromstärke
n	Anzahl gleicher Widerstände

$$U = U_1 + U_2 + U_3$$

$$R = R_1 + R_2 + R_3$$

$$\frac{U_1}{U_2} = \frac{R_1}{R_2} \qquad \frac{U_1}{U} = \frac{R_1}{R}$$

Für n gleiche Widerstände:

$$R = n \cdot R_1$$

Parallelschaltung von Widerständen

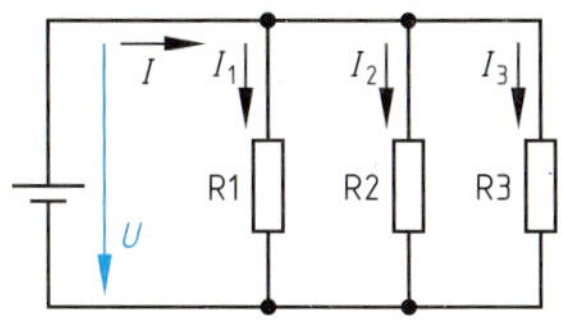

An parallelgeschalteten Verbrauchern liegt dieselbe Spannung.

R	Ersatzwiderstand
R_1, R_2, R_3	Einzelwiderstände
I	Gesamtstrom
I_1, I_2, I_3	Teilströme
U	Spannung
G	Ersatzleitwert
G_1, G_2, G_3	Einzelleitwerte
n	Anzahl gleicher Widerstände

$$I = I_1 + I_2 + I_3 + \ldots$$

$$G = G_1 + G_2 + G_3 + \ldots$$

$$\frac{1}{R} = \frac{1}{R_1} + \frac{1}{R_2} + \frac{1}{R_3} + \ldots$$

$$\frac{I_1}{I_2} = \frac{R_2}{R_1} \qquad \frac{I_1}{I_3} = \frac{R_3}{R_1}$$

Für n gleiche Widerstände: $R = \frac{R_1}{n}$

Parallelschaltung von zwei Widerständen

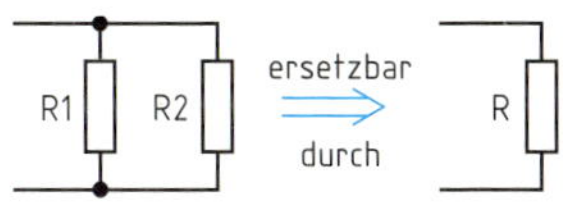

R	Ersatzwiderstand
R_1, R_2	Einzelwiderstände parallel

$$R = \frac{R_1 \cdot R_2}{R_1 + R_2}$$

Hinweis: E-Reihen von Widerständen Seite 57

6.3 Messbereicherweiterung von Messinstrumenten

Spannungsmesser

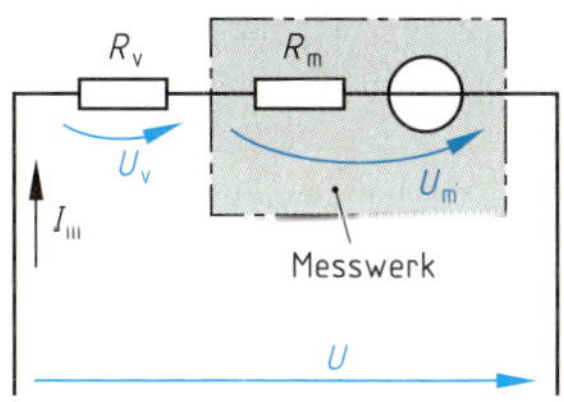

R_v	Vorwiderstand
R_m	Messwerkwiderstand
U	zu messende Spannung
U_m	Messwerkspannung bei Vollausschlag
U_v	Spannung am Vorwiderstand
I_m	Messwerkstrom bei Vollausschlag
n	Faktor der Messbereicherweiterung
r_k	Kenngröße

$$R_v = \frac{U_v}{I_m} \qquad R_v = \frac{U - U_m}{I_m}$$

$$n = \frac{U}{U_m}\ ; \quad R_v = (n - 1) \cdot R_m$$

$$r_k = \frac{R_m}{U_m} \qquad r_k = \frac{1}{I_m}$$

$$[r_k] = \frac{\Omega}{V}$$

Strommesser

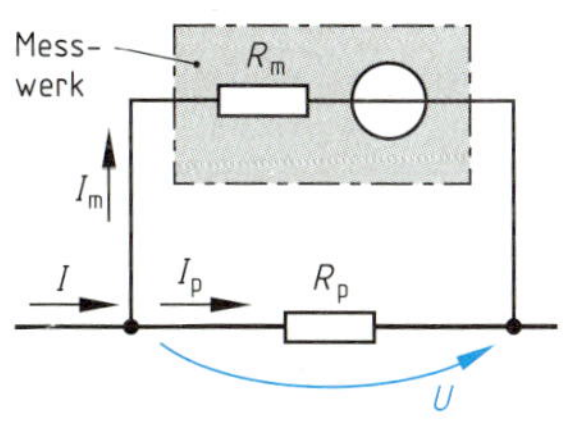

I	zu messende Stromstärke
I_m	Messwerkstrom bei Vollausschlag
I_p	Strom im Nebenwiderstand
R_m	Messwerkwiderstand
R_p	Nebenwiderstand, Parallelwiderstand
U	Spannung am Messwerk
n	Faktor der Messbereicherweiterung

$$R_p = \frac{U}{I_p} \qquad R_p = \frac{U}{I - I_m}$$

$$n = \frac{I}{I_m} \qquad R_p = \frac{R_m}{n - 1}$$

6.4 Anpassung

Leistungsanpassung

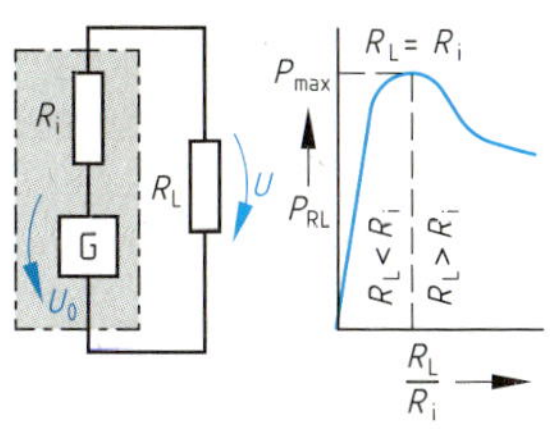

R_L	Lastwiderstand
R_i	Innenwiderstand
U	Lastspannung
U_0	Leerlaufspannung, Quellenspannung
I	Laststrom
I_k	Kurzschlussstrom
P_{max}	größte Leistung an R_L

Leistungsanpassung:

$$R_L = R_i \qquad U = \frac{U_0}{2} \qquad I = \frac{I_k}{2}$$

$$P_{max} = \frac{U_0}{2} \cdot \frac{I_k}{2} \qquad P_{max} = \frac{U_0^2}{4 \cdot R_i}$$

Stromanpassung: $R_L \ll R_i$

Spannungsanpassung: $R_L \gg R_i$

6.5 Spannungsteiler

Unbelasteter Spannungsteiler

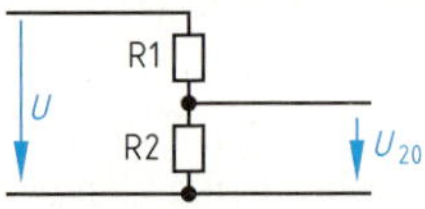

R_1, R_2	Teilwiderstände
U	Gesamtspannung
U_{20}	Teilspannung bei Leerlauf

$$U_{20} = \frac{R_2}{R_1 + R_2} \cdot U$$

$$R_1 = R_2 \left(\frac{U}{U_{20}} - 1 \right)$$

Belasteter Spannungsteiler

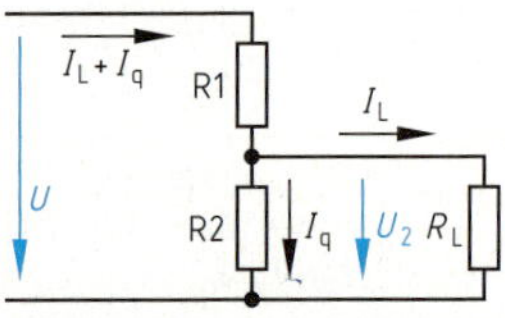

R_L	Lastwiderstand
R_1, R_2	Teilwiderstände
R_{2L}	Ersatzwiderstand aus R_2 u. R_L
U	Gesamtspannung
U_2	Teilspannung bei Belastung
I_L	Laststrom
U_{20}	Teilspannung bei Leerlauf
I_q	Querstrom
q	Querstromverhältnis

$$U_2 = U \cdot \frac{R_{2L}}{R_1 + R_{2L}}$$

$$R_{2L} = \frac{R_2 \cdot R_L}{R_2 + R_L} \qquad q = \frac{I_q}{I_L} = \frac{R_L}{R_2}$$

$$R_2 = R_L \cdot \frac{U}{U_2} \cdot \frac{U_{20} - U_2}{U - U_{20}}$$

6.6 Widerstandsbestimmung

Spannungsfehlerschaltung (für große Widerstände)

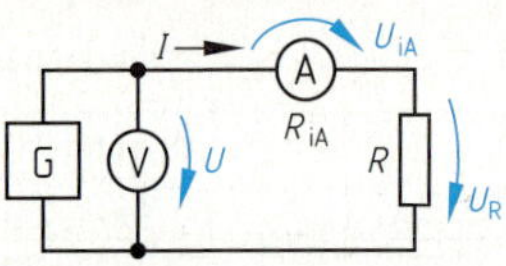

U	angezeigte Spannung
I	angezeigte Stromstärke
R_{iA}	Innenwiderstand des Strommessers
R	zu bestimmender Widerstand
U_{iA}	Spannung am Strommesser

$$R = \frac{U}{I} - R_{iA}$$

$$R = \frac{U - U_{iA}}{I}$$

Stromfehlerschaltung (für kleine Widerstände)

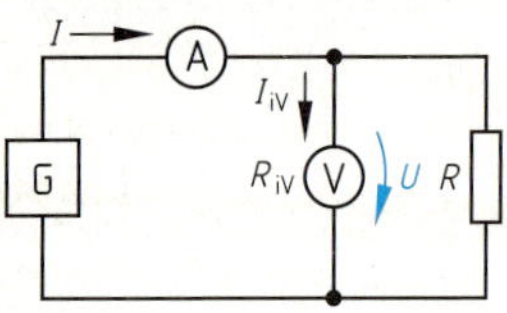

U	angezeigte Spannung
I	angezeigte Stromstärke
I_{iV}	Strom durch den Spannungsmesser
R	zu bestimmender Widerstand
R_{iV}	Innenwiderstand des Spannungsmessers

$$R = \frac{U}{I - I_{iV}}$$

$$R = \frac{U}{I - \frac{U}{R_{iV}}}$$

Widerstandsmessbrücke

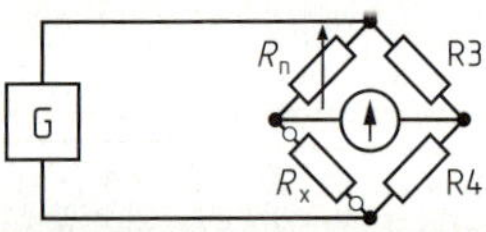

R_x	unbekannter Widerstand
R_n	Vergleichswiderstand
R_3, R_4	Brückenwiderstände

Abgleichbedingung:

$$\frac{R_x}{R_n} = \frac{R_4}{R_3}$$

$$R_x = R_n \cdot \frac{R_4}{R_3}$$

6.7 Unabgeglichene Brückenschaltung (Dreieck-Stern-Umwandlung)

Dreieck-Stern-Umwandlung

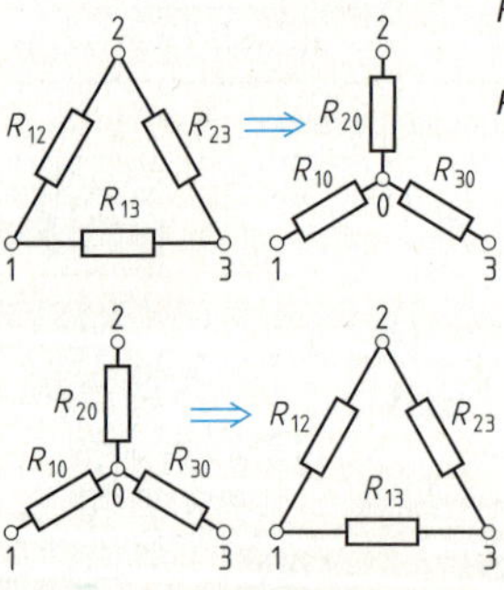

R_{12}, R_{13}, R_{23}	Widerstände der Dreieckschaltung
R_{10}, R_{20}, R_{30}	Widerstände der Sternschaltung

Dreieck in Stern:

$$R_{10} = \frac{R_{12} \cdot R_{13}}{R_{12} + R_{13} + R_{23}}$$

$$R_{20} = \frac{R_{12} \cdot R_{23}}{R_{12} + R_{13} + R_{23}}$$

$$R_{30} = \frac{R_{13} \cdot R_{23}}{R_{12} + R_{13} + R_{23}}$$

Stern in Dreieck:

$$R_{12} = \frac{R_{10} \cdot R_{20}}{R_{30}} + R_{10} + R_{20}$$

$$R_{13} = \frac{R_{10} \cdot R_{30}}{R_{20}} + R_{10} + R_{30}$$

$$R_{23} = \frac{R_{20} \cdot R_{30}}{R_{10}} + R_{20} + R_{30}$$

6.8 Elektrische Arbeit und elektrische Leistung

Elektrische Arbeit

W elektrische Arbeit
U Spannung
I Stromstärke
t Zeit
Q elektrische Ladung
P elektrische Leistung

$[W] = V \cdot A \cdot s = Ws = J$
$1\,J = 1\,Ws = 1\,Nm$
$1\,kWh = 3{,}6 \cdot 10^6\,Ws$

$$W = U \cdot I \cdot t$$
$$W = P \cdot t$$
$$W = U \cdot Q$$

Elektrische Leistung (Gleichstromleistung)

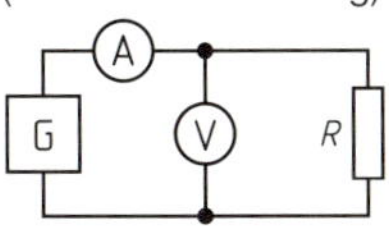

U Spannung
I Stromstärke
R Widerstand
P elektrische Leistung
W elektrische Arbeit

$[P] = V \cdot A = VA = W = \frac{J}{s}$

$1\,W = 1\,\frac{Nm}{s} = 1\,\frac{J}{s}$

bei Kapazitäten und Induktivitäten → $P = U \cdot I \cdot \cos\varphi$

$$P = U \cdot I$$
$$P = \frac{W}{t}$$
$$P = \frac{U^2}{R}$$
$$P = I^2 \cdot R$$

Leistungsbestimmung mit dem Zähler

P elektrische Leistung
C_Z Zählerkonstante
n Umdrehungen der Zählerscheibe je Stunde

$[P] = \frac{\frac{1}{h}}{\frac{1}{kWh}} = kW$

$$P = \frac{n}{C_Z}$$

6.9 Wirkungsgrad (Leistungsverhältnis)

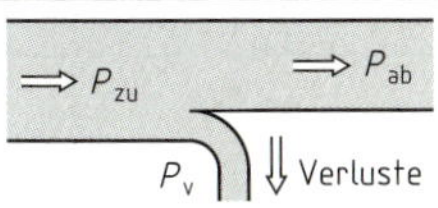

η, η_1, η_2 Wirkungsgrade
P_{ab} abgegebene Leistung
P_{zu} zugeführte Leistung
P_v Verlustleistung

$$\eta = \frac{P_{ab}}{P_{zu}}$$
$$P_v = P_{zu} - P_{ab}$$
$$\eta = \eta_1 \cdot \eta_2$$

6.10 Kosten der elektrischen Arbeit (Strompreis)

€

Verbrauchsentgelt = elektrische Arbeit × Preis je KWh
Stromentgelt = Verbrauchsentgelt + Leistungsentgelt + Verrechnungsentgelt

6.11 Elektrowärme

Elektrische Arbeit und Wärme

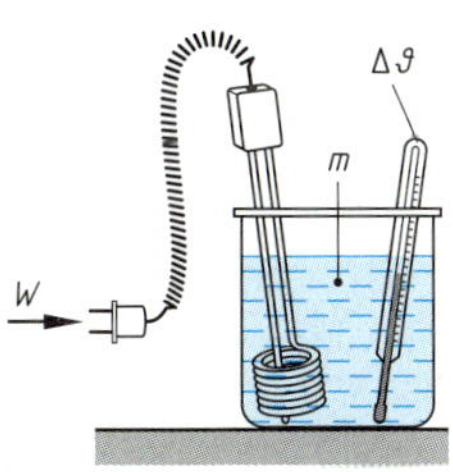

Q_N Nutzwärme
W elektr. Arbeit
m Masse
c spezifische Wärmekapazität (für Wasser: $c = 4{,}187\,kJ/(kg \cdot K)$)
$\Delta\vartheta$ Temperaturdifferenz
ϑ Temperatur
ϑ_2 Endtemperatur
ϑ_1 Anfangstemperatur
t Zeit
P elektr. Leistung
C_{th} Wärmekapazität
ζ Wärmenutzungsgrad* (Energieverhältnis)
Q_s Stromwärme

$[Q] = kg \cdot \frac{kJ}{kg\,K} \cdot K = kJ$

$[c] = \frac{J}{kg \cdot K}$

$[C] = \frac{Ws}{K} = \frac{J}{K}$

$[P] = \frac{kJ}{s} = kW$

$$Q_N = c \cdot m \cdot \Delta\vartheta \qquad C_{th} = \frac{Q_N}{\Delta\vartheta}$$
$$\Delta\vartheta = \vartheta_2 - \vartheta_1 \qquad c = \frac{C_{th}}{m}$$
$$W = \frac{Q_N}{\zeta} \qquad W = Q_S = P \cdot t$$
$$P = \frac{m \cdot c \cdot \Delta\vartheta}{t \cdot \zeta}$$
$$\zeta = \frac{Q_N}{Q_S} = \frac{Q_N}{W}$$

Wärmenutzungsgrad
* nach DIN 1304 ζ (zeta) (früher: Wärmewirkungsgrad η)
ζ griech. Kleinbuchstabe zeta

Wassermischung

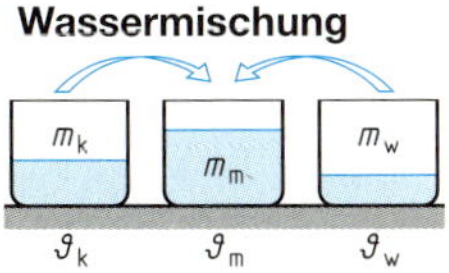

m_k Kaltwassermenge
m_w Warmwassermenge
m_m Mischwassermenge
ϑ_k Kaltwassertemperatur
ϑ_w Warmwassertemperatur
ϑ_m Mischwassertemperatur

$$m_m \cdot \vartheta_m = m_k \cdot \vartheta_k + m_w \cdot \vartheta_w$$
$$m_m = m_k + m_w$$
$$\vartheta_m = \frac{m_k \cdot \vartheta_k + m_w \cdot \vartheta_w}{m_k + m_w}$$

6.12 Elektrochemie

Elektrolyse

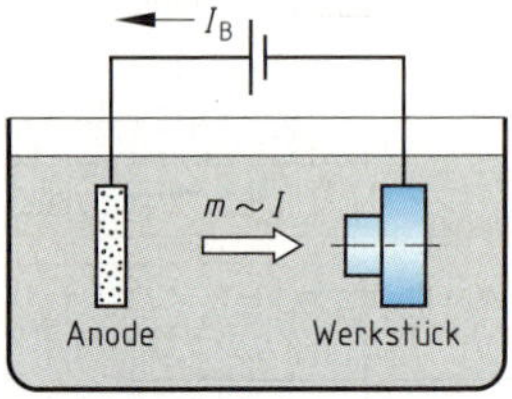

m	abgeschiedene Stoffmasse
c	elektrochemisches Äquivalent*
I	Nutzstrom
t	Zeit, Dauer
ζ_i	Stromausbeute**
I_B	Gesamtstrom (Badstrom)

$[c] = \frac{mg}{As}$

$[c] = \frac{g}{Ah}$

$1 = \frac{mg}{As} = 3{,}6\ \frac{g}{Ah}$

$$m = c \cdot I \cdot t$$

$$I = \zeta_i \cdot I_B$$

* Elektrochemische Äquivalente c Seite 54

** ζ griech. Kleinbuchstabe zeta

Galvanisches Element

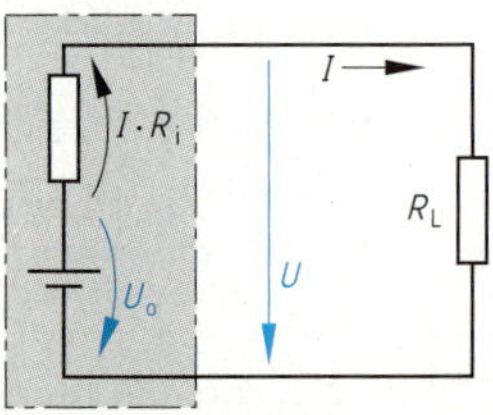

U	Klemmenspannung, Arbeitsspannung
U_0	Leerlaufspannung (Urspannung)
I	Laststrom
R_i	Innenwiderstand
R_L	Lastwiderstand
I_k	Kurzschlussstrom

Belastung: $R_L > 0$

$$U = U_0 - I \cdot R_i$$

$$I = \frac{U_0}{R_L + R_i}$$

Leerlauf: $I \approx 0$

$$U \approx U_0$$

Kurzschluss: $R_L \approx 0$

$$I_k \approx \frac{U_0}{R_i}$$

Schaltung von gleichartigen galvanischen Elementen

Reihenschaltung

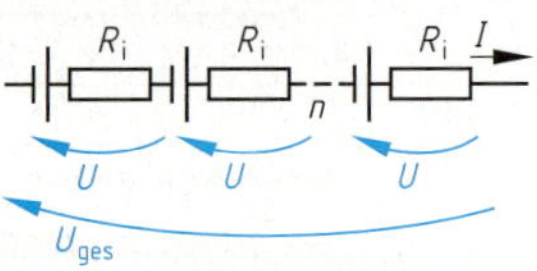

U_{ges}	gesamte Klemmenspannung
U	Klemmenspannung eines Elements
n	Zahl gleicher Elemente
R_{iges}	gesamter Innenwiderstand
R_i	Innenwiderstand eines Elements
K_{ges}	gesamte Kapazität
K	Kapazität eines Elements

$$U_{ges} = n \cdot U$$

$$R_{iges} = n \cdot R_i$$

$$K_{ges} = K$$

Parallelschaltung

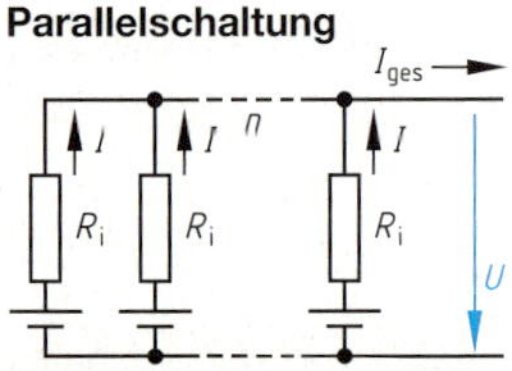

I_{ges}	gesamter Laststrom
I	Strom eines Elements
n	Zahl gleicher Elemente
R_{iges}	gesamter Innenwiderstand
R_i	Innenwiderstand eines Elements
K_{ges}	gesamte Kapazität
K	Kapazität eines Elements

$$I_{ges} = n \cdot I$$

$$R_{iges} = \frac{R_i}{n}$$

$$K_{ges} = n \cdot K$$

Akkumulatoren

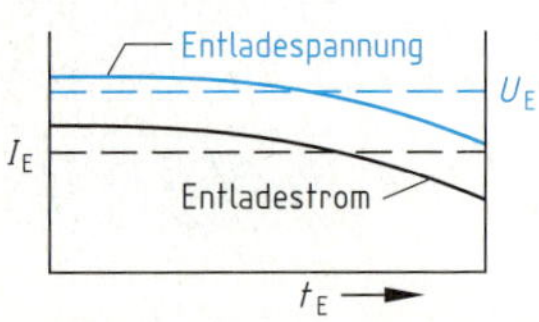

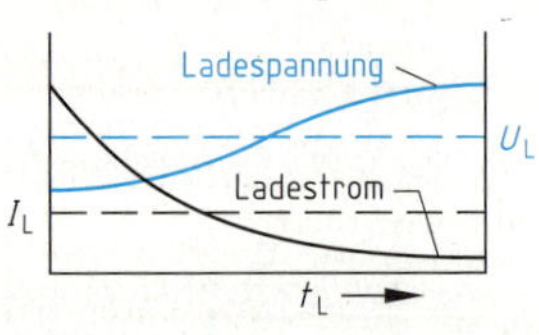

K_E	Entladekapazität
I_E	mittl. Entladestrom
t_E	Entladezeit
U_E	mittl. Entladespannung
ζ_{Ah}	Ladungs-Nutzungsgrad*, Ladungsverhältnis (Ah-Wirkungsgrad)
ζ_{Wh}	Energie-Nutzungsgrad*, Energieverhältnis (Wh-Wirkungsgrad)
K_L	Ladekapazität
I_L	mittl. Ladestrom
t_L	Ladezeit
U_L	mittl. Ladespannung
a	Ladefaktor

$[K] = [I] \cdot [t]$

$[K] = As$

$[K] = Ah$

$1\ Ah = 3600\ As$

$k_{10} \Rightarrow K_E$ bei $t_E = 10\ h$

$k_{20} \Rightarrow K_E$ bei $t_E = 20\ h$

$$K_E = I_E \cdot t_E$$

$$K_L = I_L \cdot t_L$$

$$a = \frac{K_L}{K_E}$$

$$\zeta_{Ah} = \frac{K_E}{K_L}$$

$$\zeta_{Wh} = \frac{U_E \cdot I_E \cdot t_E}{U_L \cdot I_L \cdot t_L}$$

* ζ griech. Kleinbuchstabe zeta

7 Elektrisches Feld, Kondensator

7.1 Elektrische Feldstärke

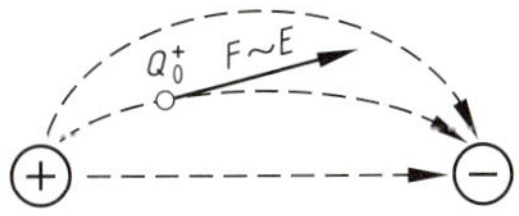

- E elektrische Feldstärke
- Q_0 elektrische Ladung im Feld
- F Kraft auf die Ladung Q_0

$[E] = \frac{\text{N}}{\text{C}} = \frac{\text{N}}{\text{As}} = \frac{\text{V}}{\text{m}}$

$$E = \frac{F}{Q_0}$$

7.2 Kondensator

Kapazität

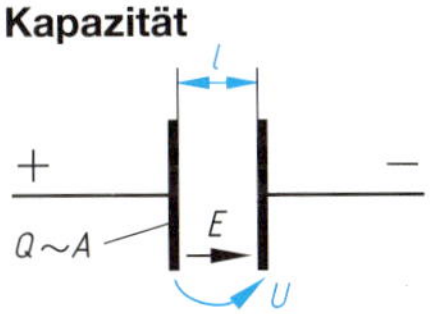

- C Kapazität
- Q gespeicherte Ladung
- U Spannung am Kondensator
- W gespeicherte Energie

$[C] = \frac{\text{As}}{\text{V}} = \text{F}$

$[W] = \text{VAs} = \text{J}$

$$C = \frac{Q}{U}$$

$$W = \frac{1}{2}\,C \cdot U^2$$

Plattenkondensator
(homogenes Feld)
Luft im Kondensator:

$\varepsilon_r \approx 1$

$\varepsilon \approx \varepsilon_0 = 8{,}85 \cdot 10^{-12}\,\frac{\text{As}}{\text{Vm}}$

Dielektrikum im Kondensator:

$\varepsilon_r > 1$

- E Feldstärke zwischen den Platten
- U Spannung zwischen den Platten
- C Kapazität
- l Plattenabstand
- A wirksame Plattenfläche (Feldquerschnitt)
- ε Permittivität
- ε_0 elektr. Feldkonstante
- ε_r Permittivitätszahl, relat. Permittivität
- σ Flächenladungsdichte, Ladungsbedeckung
- Q Ladung auf den Platten
- F Kraft zwischen geladenen Kondensatorplatten

$[E] = \frac{\text{V}}{\text{m}} = \frac{\text{N}}{\text{As}}$

$[C] = \frac{\text{As} \cdot \text{m}^2}{\text{Vm} \cdot \text{m}} = \text{F}$

$[\varepsilon] = [\varepsilon_0] = \frac{\text{As}}{\text{Vm}} = \frac{\text{F}}{\text{m}}$

$[\sigma] = \frac{\text{As}}{\text{m}^2}$

$[E] = \frac{\text{As} \cdot \text{Vm}}{\text{m}^2 \cdot \text{As}} = \frac{\text{V}}{\text{m}}$

$[F] = \frac{\text{As} \cdot \text{V}^2}{\text{Vm}} = \text{N}$

$$E = \frac{U}{l}$$

$$C = \varepsilon \cdot \frac{A}{l}$$

$$\varepsilon = \varepsilon_r \cdot \varepsilon_0$$

$$\sigma = \frac{Q}{A}$$

$$E = \frac{\sigma}{\varepsilon}$$

$$F = \frac{1}{2} \cdot \varepsilon \cdot \frac{U^2}{l^2} \cdot A$$

Schaltung von Kondensatoren: Seite 23

Tabelle: Permittivitätszahlen (früher Dielektrizitätszahlen)

Dielektrikum	ε_r	Dielektrikum	ε_r	Dielektrikum	ε_r	Dielektrikum	ε_r
Luft	1	Polystyrol	2,5	Glimmer	6 bis 8	Wasser	80
Acrylglas	3,5	Hartpapier	4	Glas	4 bis 8	Isolieröl	1 bis 2,4
Polyethylen	2,3	Keramik	10 bis 10 000	Porzellan	5 bis 6	Phenolharz	5

7.3 Zeitkonstante bei RC-Schaltung, Ladezeit und Entladezeit

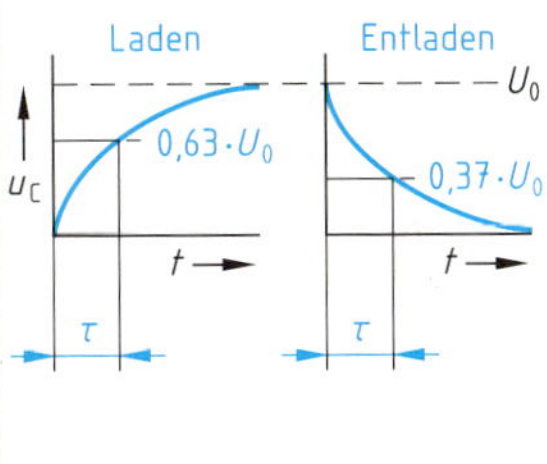

- U_0 Ladespannung, Spannung des geladenen Kondensators
- u_C Momentanwert der Spannung am Kondensator
- τ Zeitkonstante
- C Kapazität
- R Widerstand im Stromkreis
- t_C Ladezeit, Entladezeit
- t Zeit, Dauer
- e Eulersche Zahl ($e = 2{,}718\ldots$)

$[\tau] = \frac{\text{V}}{\text{A}} \cdot \frac{\text{As}}{\text{V}} = \text{s}$

$$\tau = R \cdot C$$

$t_C \approx 5 \cdot \tau$

Laden:

$$u_C = U_0 \cdot \left(1 - e^{-\frac{t}{\tau}}\right)$$

Entladen:

$$u_C = U_0 \cdot e^{-\frac{t}{\tau}}$$

8 Magnetisches Feld

8.1 Magnetische Größen

Durchflutung

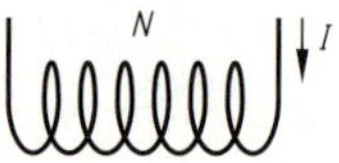

Θ Durchflutung
I Stromstärke
N Windungszahl

$[\Theta] = \text{A}$

$$\Theta = I \cdot N$$

Feldstärke

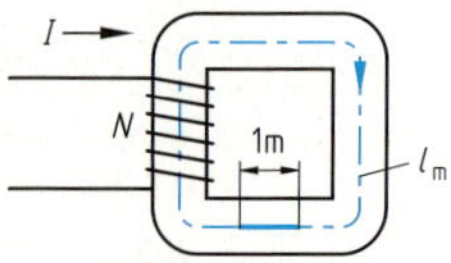

H magnetische Feldstärke
Θ Durchflutung
I Stromstärke
N Windungszahl
l_m mittlere Feldlinienlänge

$[H] = \frac{\text{A}}{\text{m}}$

$$H = \frac{\Theta}{l_m}$$

$$H = \frac{I \cdot N}{l_m}$$

Flussdichte

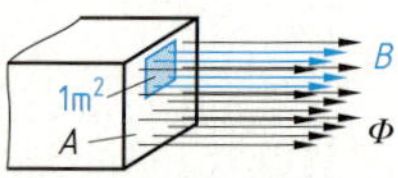

B magnetische Flussdichte
Φ magnetischer Fluss
A Querschnittsfläche

$[\Phi] = \text{Vs} = \text{Wb}$

$[B] = \frac{\text{Vs}}{\text{m}^2} = \text{T}$

$$B = \frac{\Phi}{A}$$

Flussdichte und Feldstärke

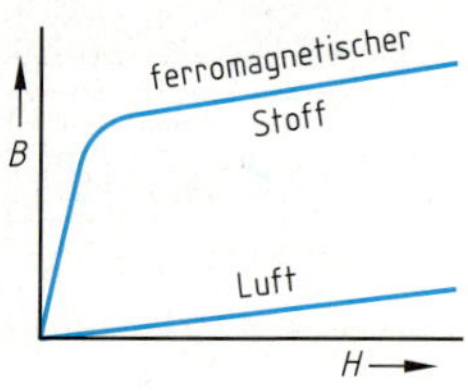

B magnetische Flussdichte
H magnetische Feldstärke
μ Permeabilität
μ_0 magnet. Feldkonstante
$\left(\mu_0 = 1{,}257 \cdot 10^{-6}\ \frac{\text{Vs}}{\text{Am}}\right)$
μ_r Permeabilitätszahl (relative Permeabilität)

$[\mu] = \frac{\text{Vs}}{\text{Am}} = \frac{\text{H}}{\text{m}}$

$[\mu_0] = [\mu]$

$[H] = \frac{\text{A}}{\text{m}}$

$[B] = \frac{\text{Vs}}{\text{m}^2} = \text{T}$

$$B = \mu \cdot H$$

$$\mu = \mu_0 \cdot \mu_r$$

Feld in Luft und in nichtferromagnetischen Stoffen: $\mu_r \approx 1$

Feld in ferromagnetischem Stoff: $\mu_r \gg 1$

Magnetischer Widerstand

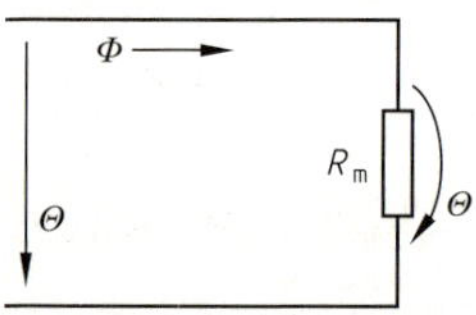

R_m magnetischer Widerstand
Θ Durchflutung
Φ magnetischer Fluss
l mittlere Feldlinienlänge
μ_0 magnetische Feldkonstante
μ_r Permeabilitätszahl (relative Permeabilität)
A Kernquerschnitt

$[R_m] = \frac{\text{A}}{\text{Vs}} = \frac{1}{\text{H}} = \frac{1}{\Omega\,\text{s}}$

$$R_m = \frac{\Theta}{\Phi}$$

$$R_m = \frac{l_m}{\mu_0 \cdot \mu_r \cdot A}$$

Magnetischer Leitwert

Λ magnetischer Leitwert
R_m magnetischer Widerstand

$[\Lambda] = \frac{\text{Vs}}{\text{A}} = \text{H} = \Omega\,\text{s}$

$$\Lambda = \frac{1}{R_m}$$

8.2 Haltekraft von Elektromagneten

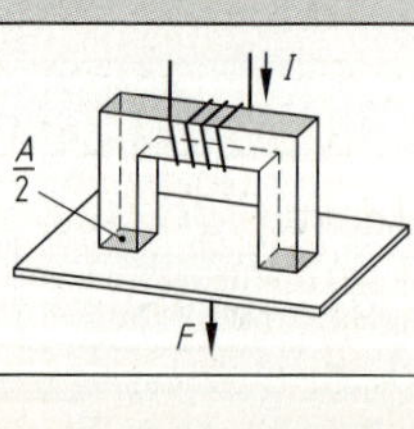

F Haltekraft, Tragkraft
B magnetische Flussdichte
A Gesamte Polfläche (wirksame Fläche)
μ_0 magnetische Feldkonstante

$[F] = \frac{\text{T}^2 \cdot \text{m}^2}{\frac{\text{Vs}}{\text{Am}}} = \frac{\text{VAs}}{\text{m}} = \frac{\text{Nm}}{\text{m}} = \text{N}$

$$F = \frac{B^2 \cdot A}{2 \cdot \mu_0}$$

8.3 Magnetische Feldkräfte

Kraft auf stromdurchflossene Leiter im Magnetfeld

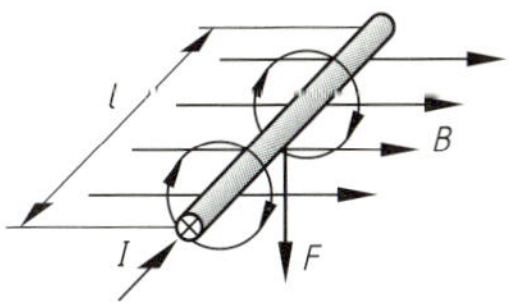

F	Ablenkkraft
B	magnetische Flussdichte
l	Leiterlänge im Magnetfeld
I	Stromstärke im Leiter
z	Zahl der stromdurchflossenen Leiter im Feld
N	Windungszahl

$$F = B \cdot I \cdot l \cdot z$$

Bei Drehspulen:

$$z = 2 \cdot N$$

$$[F] = \frac{\mathrm{Vs}}{\mathrm{m}^2} \cdot \mathrm{A} \cdot \mathrm{m} = \frac{\mathrm{Ws}}{\mathrm{m}} = \frac{\mathrm{Nm}}{\mathrm{m}} = \mathrm{N}$$

Kraft zwischen zwei parallelen Leitern

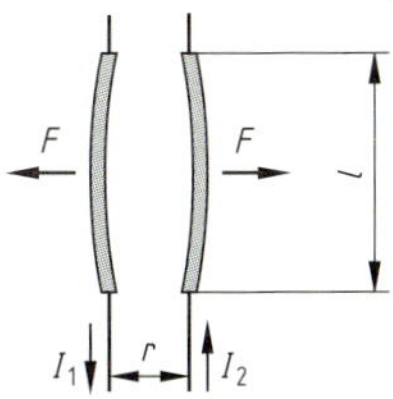

F	Kraft zwischen den Leitern
I_1	Stromstärke im Leiter 1
I_2	Stromstärke im Leiter 2
l	Leiterlänge im Magnetfeld
r	Leiterabstand
μ_0	magnetische Feldkonstante

$$F = \frac{\mu_0 \cdot I_1 \cdot I_2 \cdot l}{2\,\pi \cdot r}$$

$$[F] = \frac{\mathrm{Vs} \cdot \mathrm{A}^2 \cdot \mathrm{m}}{\mathrm{Am} \cdot \mathrm{m}} = \frac{\mathrm{Nm}}{\mathrm{m}} = \mathrm{N}$$

$$\mu_0 = 1{,}257 \cdot 10^{-6}\ \frac{\mathrm{Vs}}{\mathrm{Am}}$$

8.4 Induktion

Induktion der Ruhe

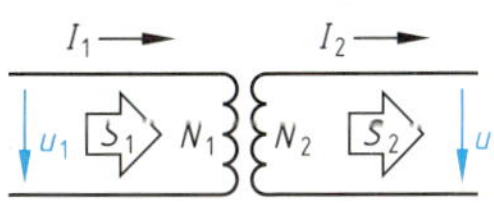

u_i	induzierte Spannung
$\Delta\Phi$	Flussänderung
Δt	Zeitdauer der Flussänderung
N	Windungszahl

$$[u_i] = \frac{\mathrm{Vs}}{\mathrm{s}} = \mathrm{V}$$

$$u_i = -N \cdot \frac{\Delta\Phi}{\Delta t}$$

Induktion der Bewegung

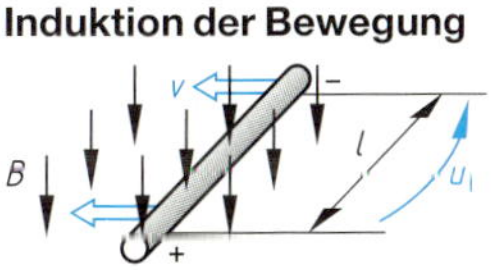

u_i	induzierte Spannung
B	magnetische Flussdichte
l	wirksame Leiterlänge
v	Geschwindigkeit
z	Anzahl der Leiter

$$u_i = B \cdot l \cdot v \cdot z$$

$$[u_i] = \frac{\mathrm{Vs}}{\mathrm{m}^2} \cdot \mathrm{m} \cdot \frac{\mathrm{m}}{\mathrm{s}} = \mathrm{V}$$

Induktivität (Eigeninduktivität)

Spule

Schalenkern

u_i	Selbstinduktionsspannung
L	Induktivität
Δi	Stromänderung
Δt	Zeitdauer der Änderung
N	Windungszahl
Φ	magnetischer Fluss
I	Stromstärke
μ	Permeabilität
A	Spulenquerschnitt
l_m	mittlere Feldlinienlänge
R	Wirkwiderstand im Spulenstromkreis
τ	Zeitkonstante
t	Zeit für Stromanstieg beim Einschalten
A_L	Spulenkonstante in nH/Wdg

$$[L] = \frac{\mathrm{Vs}}{\mathrm{A}} = \mathrm{H}$$

$$u_i = -L \cdot \frac{\Delta i}{\Delta t}$$

$$\mu_0 = 1{,}257 \cdot 10^{-6}\ \frac{\mathrm{Vs}}{\mathrm{Am}}$$

$$L = \frac{N \cdot \Phi}{I}$$

$$L = \mu \cdot N^2 \cdot \frac{A}{l_m}$$

$$t \approx 5 \cdot \tau$$

$$\tau = \frac{L}{R}$$

$$L = N^2 \cdot A_L$$

$$N = \sqrt{\frac{L}{A_L}}$$

Energieinhalt des magnetischen Feldes einer Spule

W	Energie
L	Induktivität
I	Stromstärke

$$[W] = \frac{\mathrm{Vs}}{\mathrm{A}} \cdot \mathrm{A}^2 = \mathrm{Ws} = \mathrm{J}$$

$$W = \frac{1}{2} \cdot L \cdot I^2$$

Halleffekt

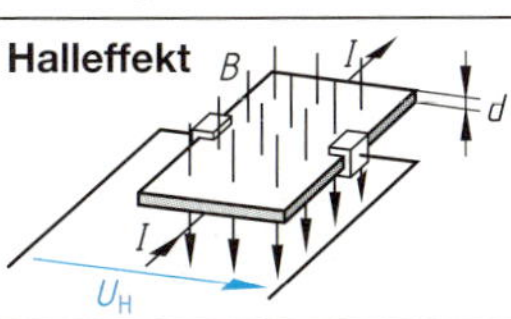

U_H	Hallspannung
I	Stromstärke
R_H	Hallkonstante
B	magnetische Flussdichte
d	Dicke des Hallplättchens

$$U_H = \frac{R_H \cdot I \cdot B}{d}$$

$$[R_H] = \frac{\mathrm{m}^3}{\mathrm{As}}$$

$$[U_H] = \frac{\mathrm{m}^3}{\mathrm{As}} \cdot \mathrm{A} \cdot \frac{\mathrm{Vs}}{\mathrm{m}^2} \cdot \frac{1}{\mathrm{m}} = \mathrm{V}$$

9 Wechselstrom und Drehstrom

9.1 Grundgrößen des Wechselstroms

Frequenz, Kreisfrequenz, Wellenlänge, Augenblickswerte, Scheitelwerte, Effektivwerte

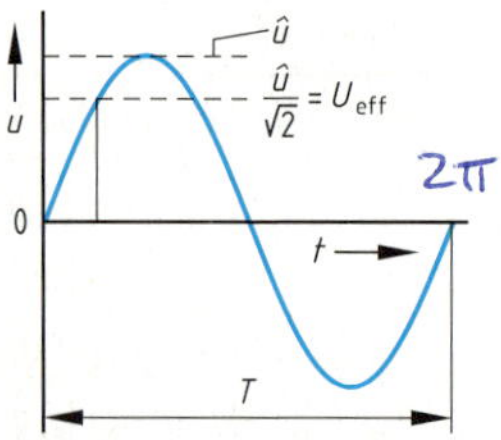

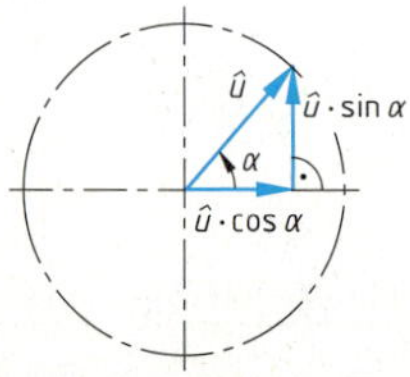

f	Frequenz
T	Periodendauer $T = \frac{2\pi}{\omega}$
ω	Kreisfrequenz
α	Winkel, Drehwinkel
t	Zeit
λ	Wellenlänge
c	Ausbreitungsgeschwindigkeit elektromagnetischer Wellen im leeren Raum ($c \approx 300\,000$ km/s)
u	Augenblickswert der Spannung
$\hat{u}, u_{max}$	Scheitelwert der Spannung
U, U_{eff}	Effektivwert der Spannung
i	Augenblickswert des Stromes
$\hat{i}, i_{max}$	Scheitelwert des Stromes
I, I_{eff}	Effektivwert des Stromes
p	Polpaarzahl
n	Drehzahl

$[f] = \frac{1}{s} = \text{Hz}$

$[\omega] = \frac{1}{s}$

$$f = \frac{1}{T} = \frac{\omega}{2\pi}$$

$$\lambda = \frac{c}{f}$$

Für Sinusform:

$$U_{eff} = U = \frac{\hat{u}}{\sqrt{2}} \qquad I_{eff} = I = \frac{\hat{i}}{\sqrt{2}}$$

$$\omega = 2\pi \cdot f \qquad \alpha = \omega \cdot t$$

$$u = \hat{u} \cdot \sin\alpha \qquad i = \hat{i} \cdot \sin\alpha$$

$$u = \hat{u} \cdot \sin(\omega t) \qquad i = \hat{i} \cdot \sin(\omega t)$$

ωt in rad Ampl.

360° ≙ T

360° ≙ 2π

$$f = p \cdot n$$

9.2 Wechselstromwiderstände

Induktiver Blindwiderstand, induktiver Blindleitwert

L	Induktivität
X_L	induktiver Blindwiderstand
ω	Kreisfrequenz
B_L	induktiver Blindleitwert

$[L] = \frac{\text{Vs}}{\text{A}} = \text{H}$

$[X_L] = \frac{1}{s} \cdot \Omega s = \Omega$

$[B_L] = 1/\Omega = \text{S}$

$[\omega] = 1/\text{s}$

$$X_L = \omega \cdot L$$ Spule

$$B_L = \frac{1}{\omega \cdot L}$$

Reihenschaltung von Induktivitäten

L	Ersatzinduktivität
$L_1, L_2, \ldots$	Teilinduktivitäten
X_L	induktiver Ersatzblindwiderstand
$X_{L1}, X_{L2}, \ldots$	induktive Teilblindwiderstände

$$L = L_1 + L_2 + L_3 + \ldots$$

$$X_L = X_{L1} + X_{L2} + X_{L3} + \ldots$$

Parallelschaltung von Induktivitäten

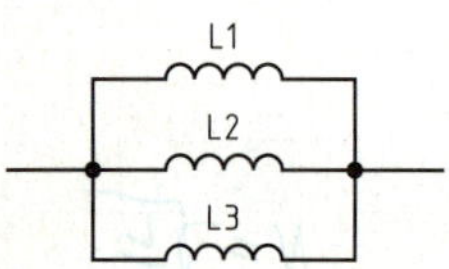

L	Ersatzinduktivität
$L_1, L_2, \ldots$	Teilinduktivitäten
X_L	induktiver Ersatzblindwiderstand
$X_{L1}, X_{L2}, \ldots$	induktive Teilblindwiderstände

$$\frac{1}{L} = \frac{1}{L_1} + \frac{1}{L_2} + \frac{1}{L_3} + \ldots$$

$$\frac{1}{X_L} = \frac{1}{X_{L1}} + \frac{1}{X_{L2}} + \frac{1}{X_{L3}} + \ldots$$

Reihenschaltung von Wirkwiderstand und Induktivität

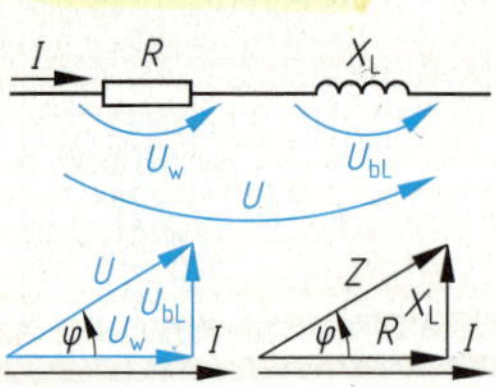

U	Gesamtspannung
U_w	Wirkspannung
U_{bL}	induktive Blindspannung
R	Wirkwiderstand
X_L	induktiver Blindwiderstand
Z	Scheinwiderstand
φ	Phasenverschiebungswinkel

$$U = \sqrt{U_w^2 + U_{bL}^2}$$

$$U_w = U \cdot \cos\varphi; \quad U_{bL} = U \cdot \sin\varphi$$

$$Z = \sqrt{R^2 + X_L^2}$$

$$R = Z \cdot \cos\varphi; \quad X_L = Z \cdot \sin\varphi$$

Parallelschaltung von Wirkwiderstand und Induktivität

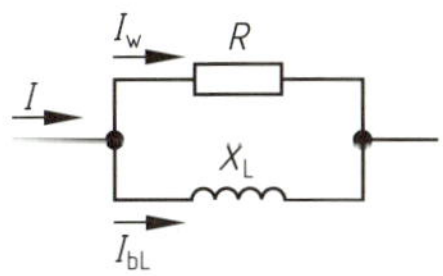

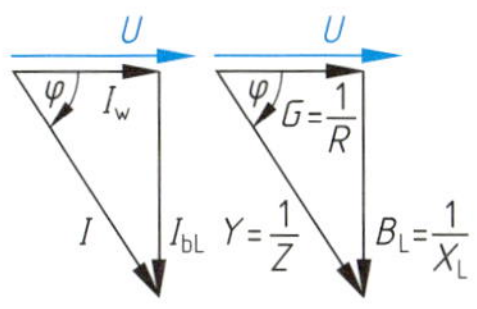

I	Gesamtstrom
I_w	Wirkstrom
I_{bL}	induktiver Blindstrom
R	Wirkwiderstand
X_L	induktiver Blindwiderstand
Z	Scheinwiderstand
Y	Scheinleitwert
G	Wirkleitwert
B_L	induktiver Blindleitwert
φ	Phasenverschiebungswinkel

$G = Y \cdot \cos\varphi$
$B_L = Y \cdot \sin\varphi$

$$\frac{1}{Z} = \sqrt{\frac{1}{R^2} + \frac{1}{X_L{}^2}}$$

$$I = \sqrt{I_w{}^2 + I_{bL}{}^2}$$
$$I_w = I \cdot \cos\varphi$$
$$I_{bL} = I \cdot \sin\varphi$$

$$Y = \sqrt{G^2 + B_L^2}$$

$$Z = \frac{1}{\sqrt{\frac{1}{R^2} + \frac{1}{X_L{}^2}}}$$

$$R = \frac{Z}{\cos\varphi}$$

$$X_L = \frac{Z}{\sin\varphi}$$

Kapazitiver Blindwiderstand, kapazitiver Blindleitwert

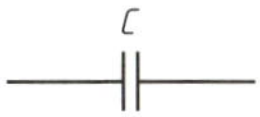

C	Kapazität
X_C	kapazitiver Blindwiderstand
ω	Kreisfrequenz
B_C	kapazitiver Blindleitwert

$$[C] = \frac{\text{As}}{\text{V}} = \frac{\text{s}}{\Omega} = \text{F}$$

$$[X_C] = \frac{1}{\frac{1}{\text{s}} \cdot \frac{\text{s}}{\Omega}} = \Omega$$

$$[B_C] = \frac{1}{\Omega} = \text{S}$$

$$X_C = \frac{1}{\omega \cdot C}$$

$$B_C = \omega \cdot C$$

Reihenschaltung von Kapazitäten

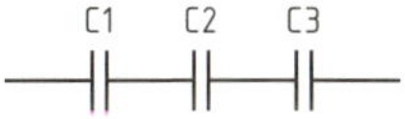

C	Ersatzkapazität
$C_1, C_2, \ldots$	Teilkapazitäten
X_C	kapazitiver Ersatzblindwiderstand
$X_{C1}, X_{C2}, \ldots$	kapazitive Teilblindwiderstände

Für zwei Kapazitäten:

$$C = \frac{C_1 \cdot C_2}{C_1 + C_2}$$

$$\frac{1}{C} = \frac{1}{C_1} + \frac{1}{C_2} + \frac{1}{C_3} + \ldots$$

$$X_C = X_{C1} + X_{C2} + X_{C3} + \ldots$$

Parallelschaltung von Kapazitäten

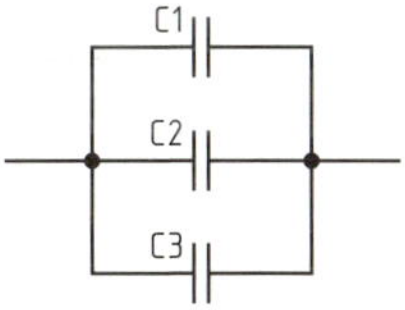

C	Ersatzkapazität
$C_1, C_2, \ldots$	Teilkapazitäten
B_C	kapazitiver Ersatzblindleitwert
$B_{C1}, B_{C2}, \ldots$	kapazitive Teilblindleitwerte
$X_{C1}, X_{C2}, \ldots$	kapazitive Teilblindwiderstände
X_C	kapazitiver Ersatzblindwiderstand

Für zwei kapazitive Blindwiderstände:

$$X_C = \frac{X_{C1} \cdot X_{C2}}{X_{C1} + X_{C2}}$$

$$C = C_1 + C_2 + C_3 + \ldots$$

$$B_C = B_{C1} + B_{C2} + B_{C3} + \ldots$$

$$\frac{1}{X_C} = \frac{1}{X_{C1}} + \frac{1}{X_{C2}} + \frac{1}{X_{C3}} + \ldots$$

Reihenschaltung von Wirkwiderstand und Kapazität

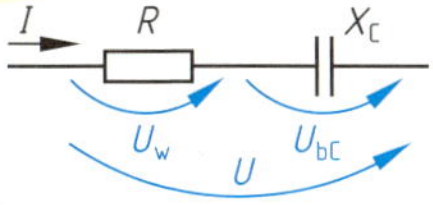

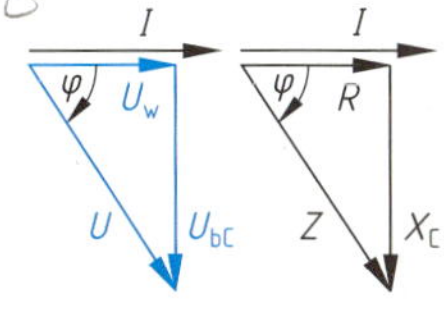

U	Gesamtspannung
U_w	Wirkspannung
U_{bC}	kapazitive Blindspannung
I	Strom
R	Wirkwiderstand
X_C	kapazitiver Blindwiderstand
Z	Scheinwiderstand
φ	Phasenverschiebungswinkel

$$U = \sqrt{U_w{}^2 + U_{bC}{}^2}$$
$$U = I \cdot Z$$
$$U_w = U \cdot \cos\varphi$$
$$U_{bC} = U \cdot \sin\varphi$$

$$Z = \sqrt{R^2 + X_C{}^2}$$

$$R = Z \cdot \cos\varphi$$

$$X_C = Z \cdot \sin\varphi$$

Parallelschaltung von Wirkwiderstand und Kapazität

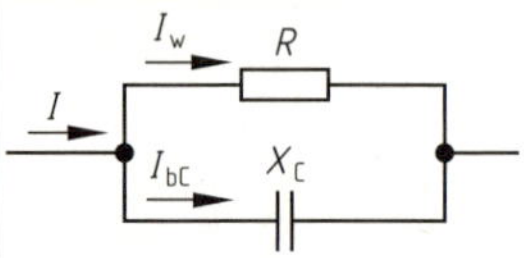

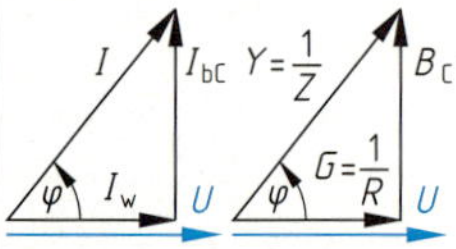

I	Gesamtstrom
I_w	Wirkstrom
I_{bC}	kapazitiver Blindstrom
R	Wirkwiderstand
X_C	kapazitiver Blindwiderstand
Z	Scheinwiderstand
G	Wirkleitwert
Y	Scheinleitwert
B_C	kapazitiver Blindleitwert
φ	Phasenverschiebungswinkel

Komplex: $Z = \frac{1}{G + j\omega C}$

$G = Y \cdot \cos\varphi$

$B_C = Y \cdot \sin\varphi$

ohne komplex:

$R = \frac{Z}{\cos\varphi}$

$I = \sqrt{I_w^2 + I_{bC}^2}$

$I_w = I \cdot \cos\varphi$

$I_{bC} = I \cdot \sin\varphi$

$Y = \sqrt{G^2 + B_C^2}$

$Z = \frac{1}{\sqrt{\frac{1}{R^2} + \frac{1}{X_C^2}}}$

$X_C = \frac{Z}{\sin\varphi}$

Reihenschaltung von Wirkwiderstand, Induktivität und Kapazität

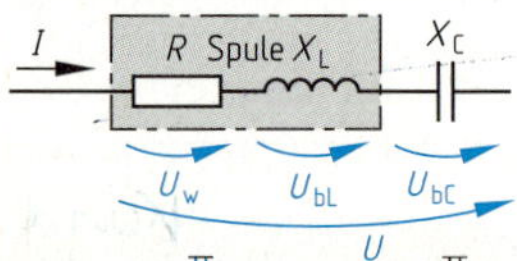

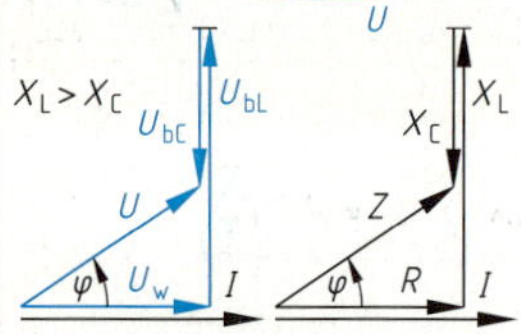

U	Gesamtspannung
U_w	Wirkspannung
U_{bL}	induktive Blindspannung
U_{bC}	kapazitive Blindspannung
R	Wirkwiderstand
X_L	induktiver Blindwiderstand
X_C	kapazitiver Blindwiderstand
X	Resultierender Blindwiderstand
Z	Scheinwiderstand
φ	Phasenverschiebungswinkel

$U_b = U_{bL} - U_{bC}$

$X = X_L - X_C$

$\tan\varphi = \frac{X_L - X_C}{R}$

$U = \sqrt{U_w^2 + (U_{bL} - U_{bC})^2}$

$U_w = U \cdot \cos\varphi$

$U_b = U \cdot \sin\varphi$

$Z = \sqrt{R^2 + (X_L - X_C)^2}$

$R = Z \cdot \cos\varphi$

$X = Z \cdot \sin\varphi$

Parallelschaltung von Wirkwiderstand, Induktivität und Kapazität

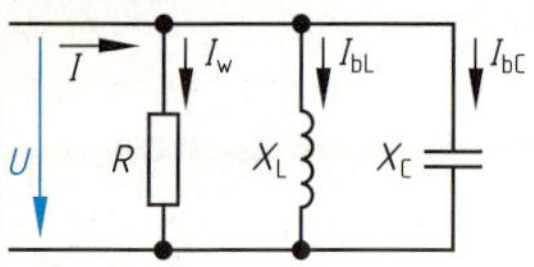

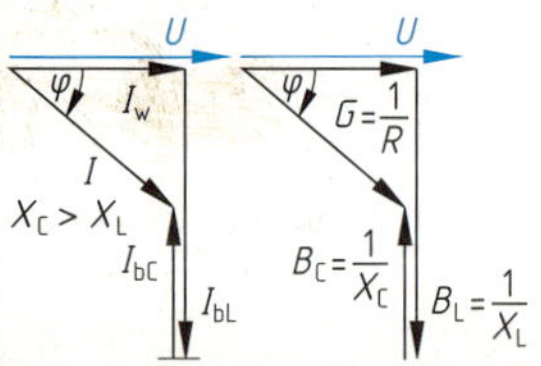

I	Gesamtstrom
I_w	Wirkstrom
I_{bL}	induktiver Blindstrom
I_{bC}	kapazitiver Blindstrom
I_b	resultierender Blindstrom
R	Wirkwiderstand
X_L	induktiver Blindwiderstand
X_C	kapazitiver Blindwiderstand
Z	Scheinwiderstand
φ	Phasenverschiebungswinkel
G	Wirkleitwert
Y	Scheinleitwert
B_L	induktiver Blindleitwert
B_C	kapazitiver Blindleitwert
B	resultierender Blindleitwert

$I_b = I_{bL} - I_{bC}$

$B = B_L - B_C$

$G = Y \cdot \cos\varphi$

$\tan\varphi = \frac{B_L - B_C}{G}$

$\tan\varphi = R\left(\frac{1}{X_C} - \frac{1}{X_L}\right)$

$I = \sqrt{I_w^2 + (I_{bL} - I_{bC})^2}$

$I_w = I \cdot \cos\varphi$

$I_b = I \cdot \sin\varphi$

$Y = \sqrt{G^2 + (B_L - B_C)^2}$

$B = Y \cdot \sin\varphi$

$Z = \frac{1}{\sqrt{\frac{1}{R^2} + \left(\frac{1}{X_L} - \frac{1}{X_C}\right)^2}}$

9.3 Ohmsches Gesetz für den Wechselstromkreis

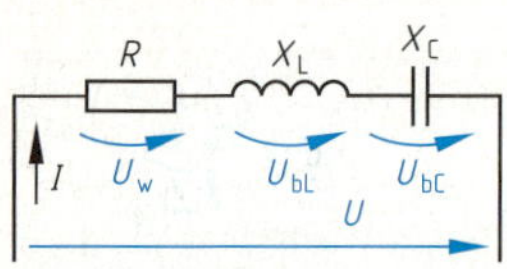

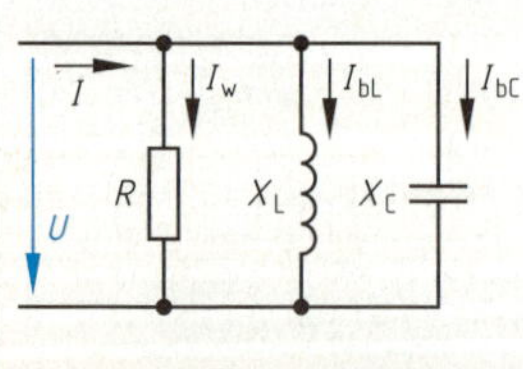

R	Wirkwiderstand
X_L	induktiver Blindwiderstand
X_C	kapazitiver Blindwiderstand
Z	Scheinwiderstand
U	Gesamtspannung
U_w	Wirkspannung
U_{bL}	induktive Blindspannung
U_{bC}	kapazitive Blindspannung
I	Gesamtstrom
I_w	Wirkstrom
I_{bL}	induktiver Blindstrom
I_{bC}	kapazitiver Blindstrom

Für Reihenschaltung:

$I = \frac{U}{\underbrace{\sqrt{R^2 + (X_L - X_C)^2}}_{Z}}$

$U = I \cdot Z$

$U_w = I \cdot R$

$U_{bL} = I \cdot X_L$

$U_{bC} = I \cdot X_C$

Für Parallelschaltung:

$I = U\sqrt{\frac{1}{R^2} + \left(\frac{1}{X_L} - \frac{1}{X_C}\right)^2}$

$I_w = \frac{U}{R}$

$I_{bL} = \frac{U}{X_L}$

$I_{bC} = \frac{U}{X_C}$

$I = \frac{U}{Z}$

9.4 Resonanz (Parallel- und Reihenschwingkreis)

Reihenschwingkreis

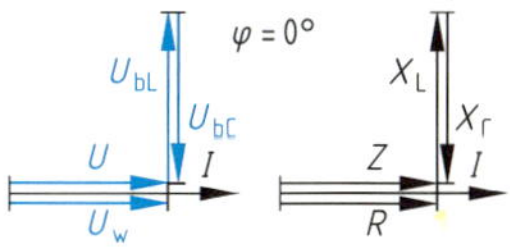

Parallelschwingkreis:

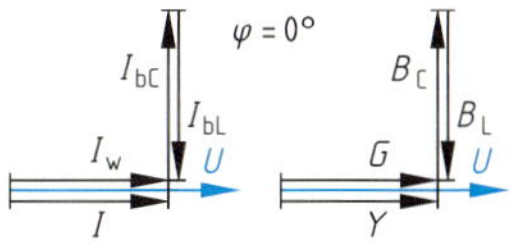

f_r Resonanzfrequenz
ω_r Resonanzkreisfrequenz
L Induktivität
C Kapazität
X_L induktiver Blindwiderstand
X_C kapazitiver Blindwiderstand
R Wirkwiderstand
Q Gütefaktor
d Verlustfaktor
I_{bL} induktiver Blindstrom
I_{bC} kapazitiver Blindstrom
I Gesamtstrom
U_{bL} induktive Blindspannung
U_{bC} kapazitive Blindspannung
U Gesamtspannung
b Bandbreite

Bei Resonanz:

$$X_L = X_C$$

$$[f_n] = \frac{1}{s}$$

$$d = \frac{1}{Q}$$

$$b = \frac{f_r}{Q}$$

$$\omega_r \cdot L = \frac{1}{\omega_r \cdot C}$$

$$\omega_r = \frac{1}{\sqrt{L \cdot C}}$$

$$f_r = \frac{1}{2\pi \cdot \sqrt{L \cdot C}}$$

Parallelresonanz:

$$Q = \frac{I_{bL}}{I} = \frac{I_{bC}}{I} = \frac{R}{\omega_r \cdot L}$$

Reihenresonanz:

$$Q = \frac{U_{bL}}{U} = \frac{U_{bC}}{U} = \frac{\omega_r \cdot L}{R}$$

9.5 Leistung bei Wechselstrom

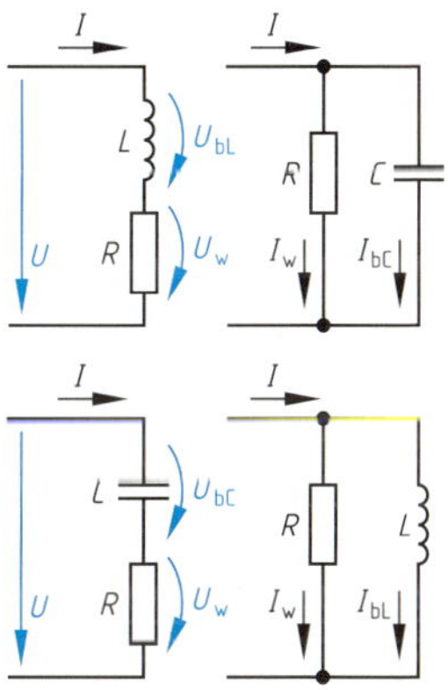

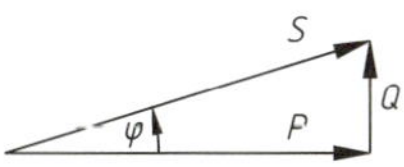

S Scheinleistung
P Wirkleistung
Q_C kapazitive Blindleistung
Q_L induktive Blindleistung
φ Phasenverschiebungswinkel
$\cos\varphi$ Wirkleistungsfaktor
$\sin\varphi$ Blindleistungsfaktor
U Gesamtspannung
U_w Wirkspannung
U_{bL} induktive Blindspannung
U_{bC} kapazitive Blindspannung
I Gesamtstrom
I_{bL} induktiver Blindstrom
I_{bC} kapazitiver Blindstrom
X_L induktiver Blindwiderstand
X_C kapazitiver Blindwiderstand

$$[S] = V \cdot A = VA$$

$$[P] = V \cdot A = W$$

$$S = U \cdot I$$

$$S = \sqrt{P^2 + Q_C^2}$$

$$S = \sqrt{P^2 + Q_L^2}$$

$$P = S \cdot \cos\varphi$$

$$[Q_L] = \text{var}$$

$$[Q_C] = \text{var}$$

$$Q_L = S \cdot \sin\varphi$$

$$Q_C = S \cdot \sin\varphi$$

$$Q_L = \frac{U_{bL}^2}{X_L} \qquad Q_C = \frac{U_{bC}^2}{X_C}$$

$$Q_L = I_{bL}^2 \cdot X_L \qquad Q_C = I_{bC}^2 \cdot X_C$$

$$\cos\varphi = \frac{P}{S} \qquad \sin\varphi = \frac{Q_L}{S}$$

9.6 Kompensation der Blindleistung

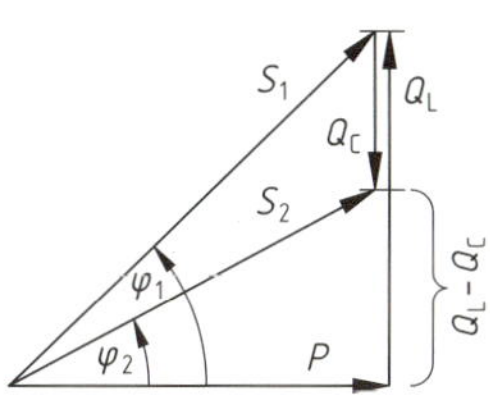

P Wirkleistung
Q_C kapazitive Blindleistung
φ_1 Phasenverschiebungswinkel, vor der Kompensation
φ_2 Phasenverschiebungswinkel, nach der Kompensation
C Kapazität des Kompensationskondensators
f Frequenz
U Spannung
I_{bC} kapazitiver Blindstrom
I Strom
X_C kapazitiver Blindwiderstand

$$[C] = F$$

$$Q_C = P(\tan\varphi_1 - \tan\varphi_2)$$

$$Q_C = U \cdot I_{bC} = \frac{U^2}{X_C} = I_{bC}^2 \cdot X_C$$

Parallelkompensation:

$$C = \frac{Q_C}{2\pi \cdot f \cdot U^2}$$

Reihenkompensation:

$$C = \frac{I^2}{2\pi \cdot f \cdot Q_C}$$

9.7 Nichtsinusförmige Spannungen*

Sinusspannung

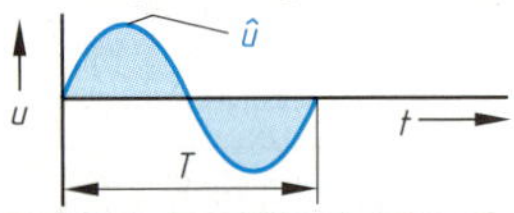

- U Effektivwert
- $\hat{u}$ Scheitelwert
- $\overline{u}$ arithmetischer Mittelwert
- F_C Crestfaktor

$$U = \frac{\hat{u}}{\sqrt{2}} \qquad \overline{u} = 0 \qquad F_C = \sqrt{2}$$

Rechteckwechselspannung

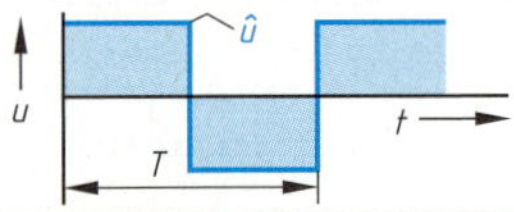

- U Effektivwert
- $\hat{u}$ Scheitelwert
- $\overline{u}$ arithmetischer Mittelwert
- F_C Crestfaktor

$$U = \hat{u} \qquad \overline{u} = 0 \qquad F_C = 1$$

Rechteckimpuls (1)

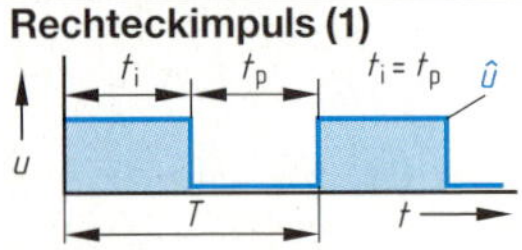

- U Effektivwert
- $\hat{u}$ Scheitelwert
- $\overline{u}$ arithmetischer Mittelwert
- F_C Crestfaktor
- t_i Impulsdauer
- t_p Pausendauer

$$U = \frac{\hat{u}}{\sqrt{2}} \qquad \overline{u} = \frac{\hat{u}}{2} \qquad F_C = \sqrt{2}$$

Rechteckimpuls (2)

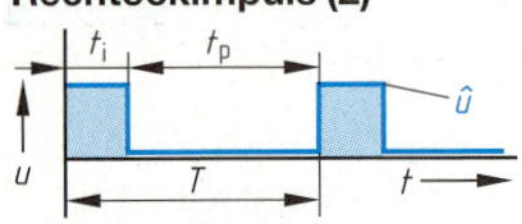

- U Effektivwert
- $\hat{u}$ Scheitelwert
- $\overline{u}$ arithmetischer Mittelwert
- F_C Crestfaktor
- t_i Impulsdauer
- t_p Pausendauer

$$U = \sqrt{\frac{t_i}{T}} \cdot \hat{u} \qquad \overline{u} = \frac{t_i \cdot \hat{u}}{T} \qquad F_C = \sqrt{\frac{T}{t_i}}$$

Dreieckspannung

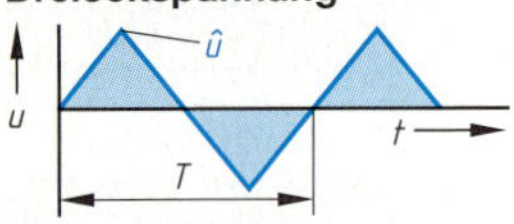

- U Effektivwert
- $\hat{u}$ Scheitelwert
- $\overline{u}$ arithmetischer Mittelwert
- F_C Crestfaktor

$$U = \frac{\hat{u}}{\sqrt{3}} \qquad \overline{u} = 0 \qquad F_C = \sqrt{3}$$

Sägezahnspannung

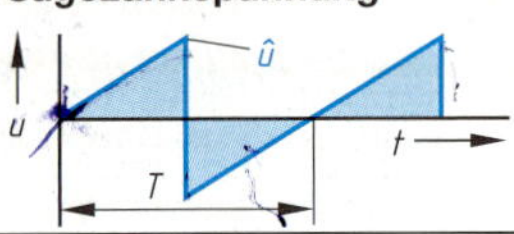

- U Effektivwert
- $\hat{u}$ Scheitelwert
- $\overline{u}$ arithmetischer Mittelwert
- F_C Crestfaktor

$$U = \frac{\hat{u}}{\sqrt{3}} \qquad \overline{u} = 0 \qquad F_C = \sqrt{3}$$

Dreieckimpuls

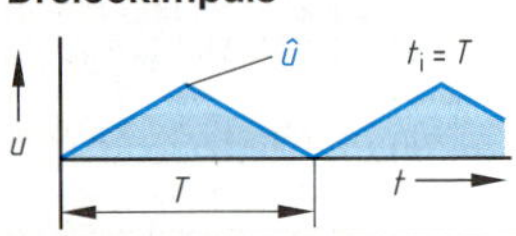

- U Effektivwert
- $\hat{u}$ Scheitelwert
- $\overline{u}$ arithmetischer Mittelwert
- F_C Crestfaktor

$$U = \frac{\hat{u}}{\sqrt{3}} \qquad \overline{u} = \frac{\hat{u}}{2} \qquad F_C = \sqrt{3}$$

Sägezahnimpuls

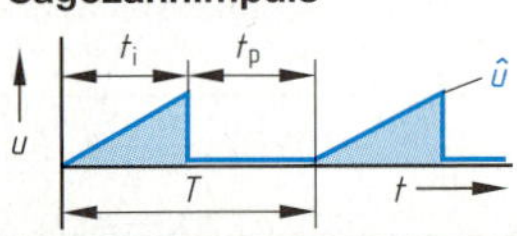

- U Effektivwert
- $\hat{u}$ Scheitelwert
- $\overline{u}$ arithmetischer Mittelwert
- F_C Crestfaktor
- t_i Impulsdauer
- t_p Pausendauer

$$U = \sqrt{\frac{t_i}{3 \cdot T}} \cdot \hat{u} \qquad \overline{u} = \frac{t_i \cdot \hat{u}}{2 \cdot T} \qquad F_C = \sqrt{\frac{3 \cdot T}{t_i}}$$

Gleichspannung, pulsierend (1)

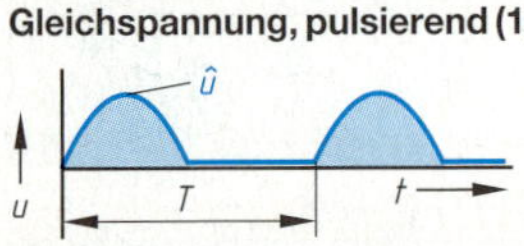

- U Effektivwert
- $\hat{u}$ Scheitelwert
- $\overline{u}$ arithmetischer Mittelwert
- F_C Crestfaktor

$$U = \frac{\hat{u}}{2} \qquad \overline{u} = \frac{\hat{u}}{\pi} \qquad F_C = 2$$

Gleichspannung, pulsierend (2)

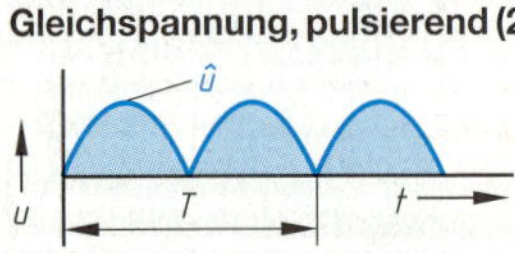

- U Effektivwert
- $\hat{u}$ Scheitelwert
- $\overline{u}$ arithmetischer Mittelwert
- F_C Crestfaktor

$$U = \frac{\hat{u}}{\sqrt{2}} \qquad \overline{u} = \frac{2 \cdot \hat{u}}{\pi} \qquad F_C = \sqrt{2}$$

* Nichtsinusförmige Spannungen bei Phasenanschnittsteuerungen Seite 51

9.8 Hoch- und Tiefpässe

RC-Hochpass

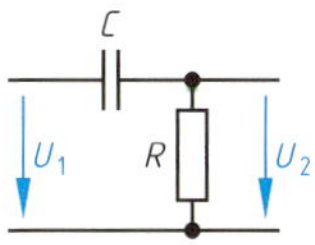

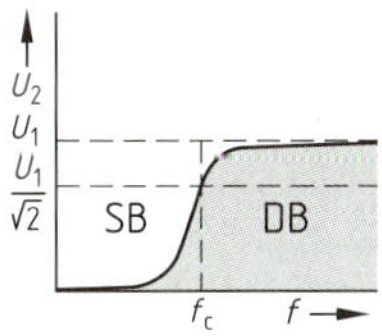

U_1 Eingangsspannung
U_2 Ausgangsspannung
R Widerstand
C Kapazität

f_c Grenzfrequenz
ω Kreisfrequenz
SB Sperrbereich
DB Durchlassbereich

$$\frac{U_2}{U_1} = \frac{R}{\sqrt{R^2 + \left(\frac{1}{\omega \cdot C}\right)^2}}$$

$$f_c = \frac{1}{2\pi \cdot R \cdot C}$$

RL-Hochpass

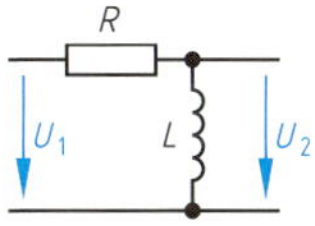

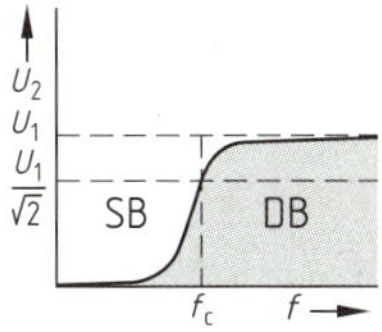

U_1 Eingangsspannung
U_2 Ausgangsspannung
R Widerstand
L Induktivität

f_c Grenzfrequenz
ω Kreisfrequenz
SB Sperrbereich
DB Durchlassbereich

$$\frac{U_2}{U_1} = \frac{1}{\sqrt{\left(\frac{R}{\omega \cdot L}\right)^2 + 1}}$$

$$f_c = \frac{R}{2\pi \cdot L}$$

CL-Hochpass

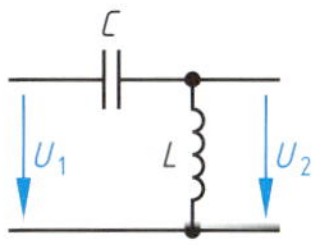

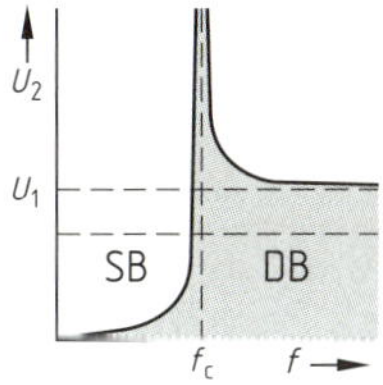

U_1 Eingangsspannung
U_2 Ausgangsspannung
C Kapazität
L Induktivität
f_c Grenzfrequenz
ω Kreisfrequenz

SB Sperrbereich
DB Durchlassbereich

$$f_c = \frac{1}{2\pi\sqrt{L \cdot C}}$$

Für $X_L > X_C$:

$$\frac{U_2}{U_1} = \frac{1}{1 - \frac{1}{\omega^2 \cdot L \cdot C}}$$

Für $X_L < X_C$:

$$\frac{U_2}{U_1} = \frac{1}{\frac{1}{\omega^2 \cdot L \cdot C} - 1}$$

RC-Tiefpass

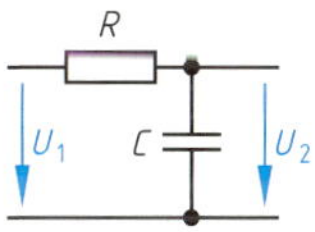

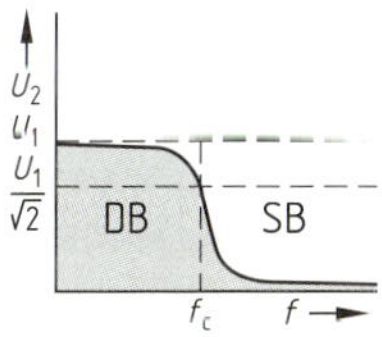

U_1 Eingangsspannung
U_2 Ausgangsspannung
R Widerstand
C Kapazität
f_c Grenzfrequenz
ω Kreisfrequenz

SB Sperrbereich
DB Durchlassbereich

$$\frac{U_2}{U_1} = \frac{1}{\sqrt{1 + (\omega \cdot R \cdot C)^2}}$$

$$f_c = \frac{1}{2\pi \cdot R \cdot C}$$

RL-Tiefpass

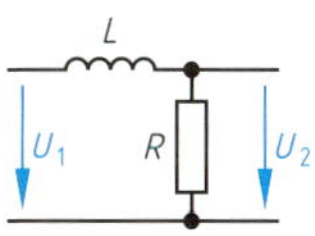

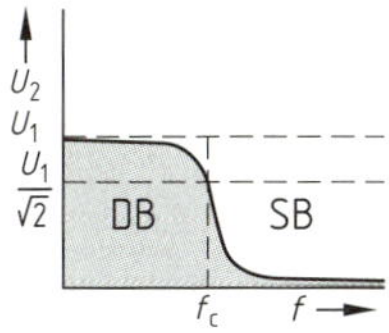

U_1 Eingangsspannung
U_2 Ausgangsspannung
R Widerstand
L Induktivität
f_c Grenzfrequenz
ω Kreisfrequenz

SB Sperrbereich
DB Durchlassbereich

$$\frac{U_2}{U_1} = \frac{1}{\sqrt{1 + \left(\frac{\omega \cdot L}{R}\right)^2}}$$

$$f_c = \frac{R}{2\pi \cdot L}$$

LC-Tiefpass

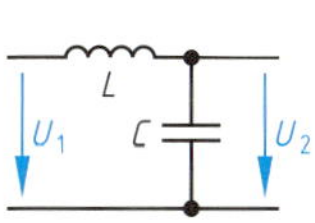

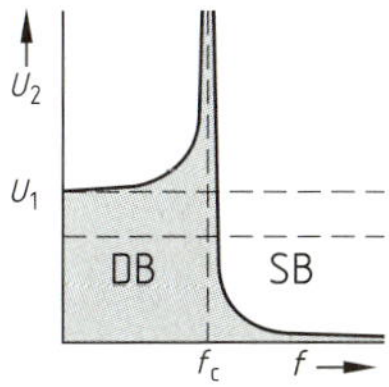

U_1 Eingangsspannung
U_2 Ausgangsspannung
C Kapazität
L Induktivität
f_c Grenzfrequenz
ω Kreisfrequenz

SB Sperrbereich
DB Durchlassbereich

$$f_c = \frac{1}{2\pi\sqrt{L \cdot C}}$$

Für $X_L > X_C$:

$$\frac{U_2}{U_1} = \frac{1}{\omega^2 \cdot L \cdot C - 1}$$

Für $X_L < X_C$:

$$\frac{U_2}{U_1} = \frac{1}{1 - \omega^2 \cdot L \cdot C}$$

9.9 Dreiphasenwechselstrom (Drehstrom)

Sternschaltung

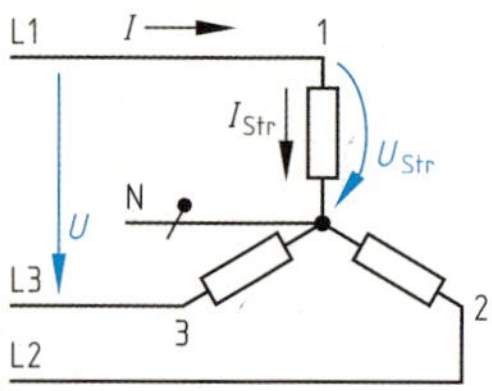

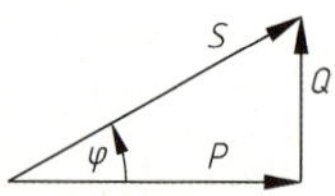

U	Leiterspannung	
U_{Str}	Strangspannung	
I	Leiterstrom	
I_{Str}	Strangstrom	
S_{Str}	Strangscheinleistung	
S	gesamte Scheinleistung	
Σ	Sigma (Zeichen für Summe)	
P	gesamte Wirkleistung	$S_{Str} = U_{Str} \cdot I_{Str}$
Q	gesamte Blindleistung	$[S] = V \cdot A = VA$
φ	Phasenverschiebungswinkel	
$\cos\varphi$	Wirkleistungsfaktor	$[P] = V \cdot A = W$
$\sin\varphi$	Blindleistungsfaktor	$[Q] = V \cdot A = var$

$$I = I_{Str} \qquad U = \sqrt{3} \cdot U_{Str}$$

Für unsymmetrische Belastung:

$$S = \sqrt{(\Sigma P)^2 + (\Sigma Q)^2}$$

Für symmetrische Belastung:

$$S = 3 \cdot S_{Str} \qquad S_{Str} = \frac{U}{\sqrt{3}} \cdot I$$

$$S = \sqrt{3} \cdot U \cdot I; \quad S = \sqrt{P^2 + Q^2}$$

$$P = S \cdot \cos\varphi \qquad Q = S \cdot \sin\varphi$$

Dreieckschaltung

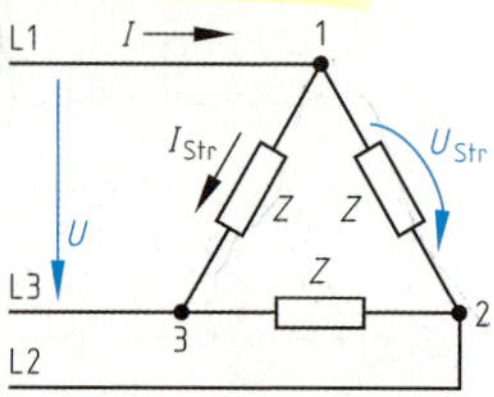

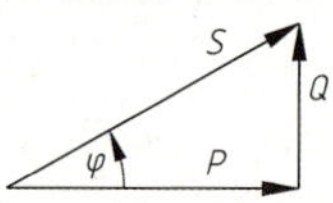

U	Leiterspannung	
U_{Str}	Strangspannung	
I	Leiterstrom	
I_{Str}	Strangstrom	
S_{Str}	Strangscheinleistung	
S	gesamte Scheinleistung	
P	gesamte Wirkleistung	$S_{Str} = U_{Str} \cdot I_{Str}$
Q	gesamte Blindleistung	$[S] = V \cdot A = VA$
φ	Phasenverschiebungswinkel	
$\cos\varphi$	Wirkleistungsfaktor	$[P] = V \cdot A = W$
$\sin\varphi$	Blindleistungsfaktor	$[Q] = V \cdot A = var$

$$U = U_{Str} \qquad I = \sqrt{3} \cdot I_{Str}$$

Für unsymmetrische Belastung:

$$S = \sqrt{(\Sigma P)^2 + (\Sigma Q)^2}$$

Für symmetrische Belastung:

$$S = 3 \cdot S_{Str} \qquad S_{Str} = U \cdot \frac{I}{\sqrt{3}}$$

$$S = \sqrt{3} \cdot U \cdot I; \quad S = \sqrt{P^2 + Q^2}$$

$$P = S \cdot \cos\varphi \qquad Q = S \cdot \sin\varphi$$

Leistungsaufnahme von Verbrauchern in Stern- bzw. Dreieckschaltung an gleicher Netzspannung

S_Y	gesamte Scheinleistung bei Sternschaltung
S_Δ	gesamte Scheinleistung bei Dreieckschaltung

$$\frac{S_Y}{S_\Delta} = \frac{1}{3}$$

Strom im Neutralleiter (Sternschaltung) bei unsymmetrischer, gleichartiger Belastung

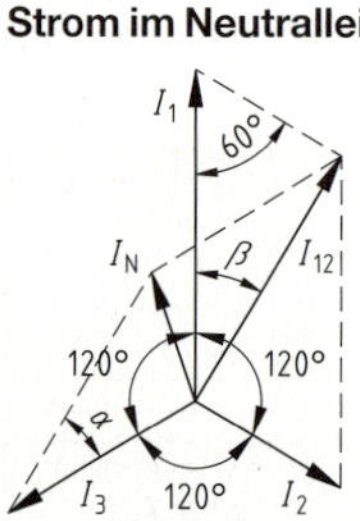

I_1, I_2, I_3	Leiterströme
I_{12}	resultierender Strom aus I_1 und I_2
I_N	Strom im Neutralleiter
β	Phasenverschiebungswinkel zwischen I_1 und I_{12}
α	Phasenverschiebungswinkel zwischen I_{12} und I_3

$$I_{12} = \sqrt{I_1^2 + I_2^2 - I_1 \cdot I_2}$$

$$\cos\beta = \frac{2 I_1 - I_2}{2 \cdot I_{12}}$$

$$\alpha = 60° - \beta$$

$$I_N = \sqrt{I_1^2 + I_2^2 + I_3^2 - I_1 \cdot I_2 - 2 \cdot I_3 \cdot I_{12} \cdot \cos\alpha}$$

Leiterströme bei Dreieckschaltung und unsymmetrischer, gleichartiger Belastung

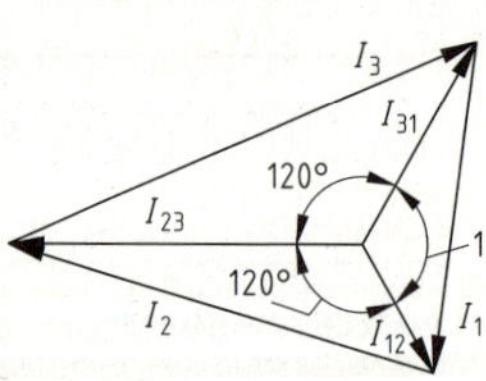

I_1, I_2, I_3	Leiterströme
I_{12}, I_{23}, I_{31}	Strangströme

$$I_1 = \sqrt{I_{12}^2 + I_{31}^2 + I_{12} \cdot I_{31}}$$

$$I_2 = \sqrt{I_{23}^2 + I_{12}^2 + I_{23} \cdot I_{12}}$$

$$I_3 = \sqrt{I_{31}^2 + I_{23}^2 + I_{31} \cdot I_{23}}$$

10 Elektrische Maschinen

10.1 Transformator

Übersetzungsverhältnis

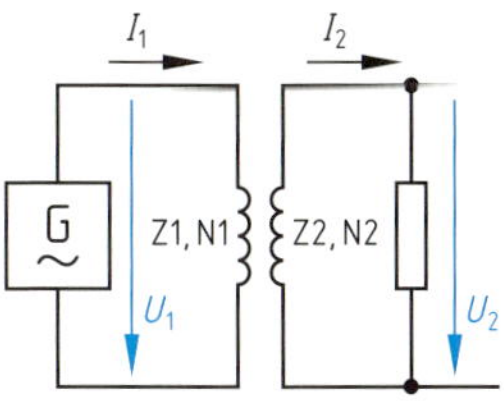

U_1 Eingangsspannung
U_2 Ausgangsspannung
N_1 Windungszahl der Eingangswicklung
N_2 Windungszahl der Ausgangswicklung
I_1 Eingangsstrom
I_2 Ausgangsstrom
Z_1 Scheinwiderstand an der Eingangswicklung
Z_2 Scheinwiderstand an der Ausgangswicklung
$ü$ Übersetzungverhältnis

$$\frac{U_1}{U_2} \approx \frac{N_1}{N_2}$$

$$\frac{I_1}{I_2} \approx \frac{N_2}{N_1}$$

$$ü = \frac{U_1}{U_2}$$

$$\frac{N_1}{N_2} \approx \sqrt{\frac{Z_1}{Z_2}}$$

Transformator-Hauptgleichung

U_0 Leerlaufspannung
$\hat{B}$ magnetische Flussdichte (Scheitelwert)
A_{Fe} Eisenquerschnitt
A_k Kernquerschnitt
N Windungszahl
f Frequenz
f_{Fe} Eisenfüllfaktor

$$\frac{2\pi}{\sqrt{2}} = 4{,}44$$

$$U_0 = 4{,}44 \cdot \hat{B} \cdot A_{Fe} \cdot f \cdot N$$

$$A_{Fe} = A_k \cdot f_{Fe}$$

Kurzschluss-Spannung, Dauerkurzschluss-Strom und Stoßkurzschluss-Strom

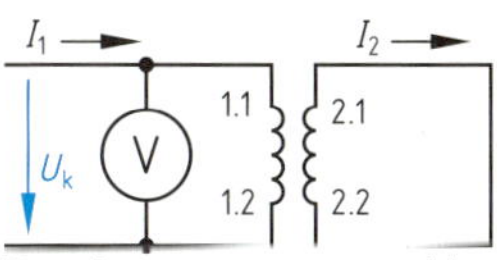

Transformator ausgangsseitig im Kurzschluss

u_k bezogene Kurzschluss-Spannung in %
U_k absolute Kurzschluss-Spannung
U_n Transformator-Bemessungspg.
I_n Bemessungsstrom am Ausgang
I_{kd} Dauerkurzschluss-Strom (ausgangsseitig)
i_s Stoßkurzschluss-Strom

$$u_k = \frac{U_k}{U_n} \cdot 100\,\%$$

$$I_{kd} = \frac{I_n}{u_k} \cdot 100\,\%$$

$$i_s \leq 2{,}54 \cdot I_{kd}$$

Bemessungsscheinleistung

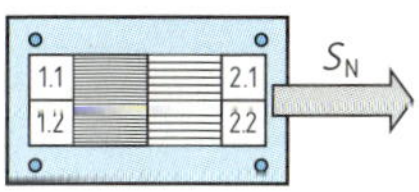

S_N Bemessungsscheinleistung
U_{2n} Bemessungsspannung der Ausgangsseite
I_{2n} Bemessungsstrom der Ausgangsseite

Bei Einphasenwechselstrom:

$$S_N = U_{2n} \cdot I_{2n}$$

Bei Drehstrom:

$$S_N = \sqrt{3} \cdot U_{2n} \cdot I_{2n}$$

Spartransformator

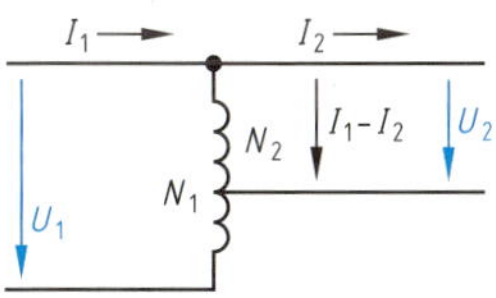

S_B Bauleistung
S_D Durchgangsleistung
U_1 Eingangsspannung
U_2 Ausgangsspannung
I_2 Ausgangsstrom
N_1, N_2 Windungszahlen

$U_1 > U_2$:
$$S_B = S_D \cdot \frac{U_1 - U_2}{U_1}$$

$U_2 > U_1$:
$$S_B = S_D \cdot \frac{U_2 - U_1}{U_2}$$

$$S_D = U_2 \cdot I_2$$

$$\frac{U_1}{U_2} \approx \frac{N_1}{N_2}$$

Lastverteilung bei Parallelbetrieb von Transformatoren

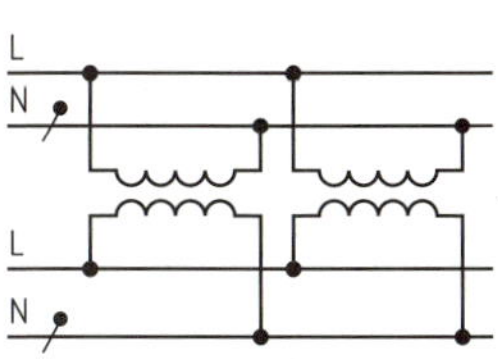

$S_1; S_2 \ldots$ Einzelbelastungen
$S_{N1}; S_{N2}; \ldots$ Bemessungsleistungen
ΣS_N Summe der Bemessungsleistungen
ΣS Gesamtlast
u_k resultierende Kurzschluss-Spannung
$u_{k1}; u_{k2} \ldots$ Kurzschluss-Spannungen

$$u_k = \frac{\Sigma S_N}{\frac{S_{N1}}{u_{k1}} + \frac{S_{N2}}{u_{k2}} + \ldots}$$

$$S_1 = S_{N1} \cdot \frac{u_k}{u_{k1}} \cdot \frac{\Sigma S}{\Sigma S_N}$$

entsprechend für $S_2; S_3 \ldots$

Wirkungsgrad

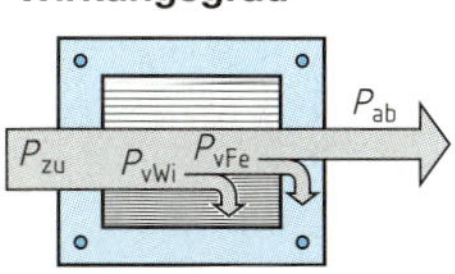

η Wirkungsgrad
P_{ab} abgegebene Leistung
P_{zu} zugeführte Leistung
P_{vFE} Eisenverlustleistung
P_{vWi} Wicklungsverlustleistung
S_2 abgegebene Scheinleistung
$\cos\varphi_2$ Wirkleistungsfaktor der Ausgangsseite

$$\eta = \frac{P_{ab}}{P_{zu}} = \frac{P_{ab}}{P_{ab} + P_{vFe} + P_{vWi}}$$

$$\eta = \frac{S_2 \cdot \cos\varphi_2}{S_2 \cdot \cos\varphi_2 + P_{vFe} + P_{vWi}}$$

10

Elektrische Maschinen

Übersetzungsverhältnisse für Drehstromtransformatoren

Bevorzugt eingesetzte Verteilertransformatoren im Niederspannungsnetz:

Dy 5

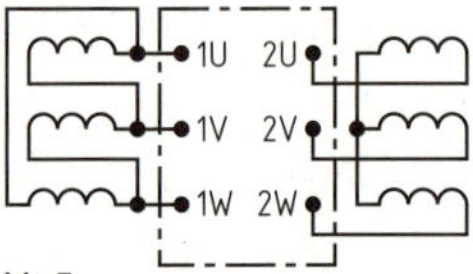

Yz 5

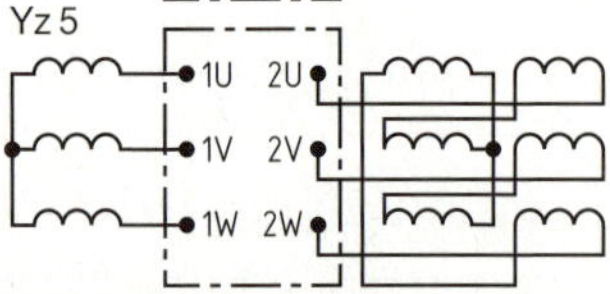

U_1 eingangsseitige Leiterspannung
U_2 ausgangsseitige Leiterspannung
N_1 Windungszahl einer Eingangswicklung
N_2 Windungszahl einer Ausgangswicklung

Schaltgruppe	Übersetzungsverhältnis
Yy 0, Yy 6, Dd 0, Dd 6	$\frac{U_1}{U_2} = \frac{N_1}{N_2}$
Dy 5, Dy 11	$\frac{U_1}{U_2} = \frac{N_1}{\sqrt{3} \cdot N_2}$
Yd 5, Yd 11	$\frac{U_1}{U_2} = \frac{\sqrt{3} \cdot N_1}{N_2}$
Yz 5, Yz 11	$\frac{U_1}{U_2} = \frac{2 \cdot N_1}{\sqrt{3} \cdot N_2}$
Dz 0, Dz 6	$\frac{U_1}{U_2} = \frac{2 \cdot N_1}{3 \cdot N_2}$

10.2 Antriebstechnik

10.2.1 Bewegungen

Gleichförmig

v Geschwindigkeit
s Weg, Weglänge
t Zeit, Dauer

$[v] = \frac{\text{m}}{\text{s}}$

$$v = \frac{s}{t}$$

Gleichmäßig beschleunigt

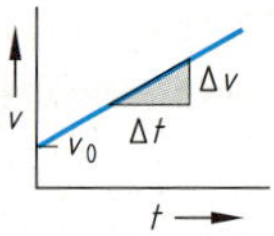

$v(t)$ - Graph

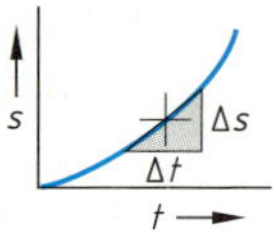

$s(t)$ - Graph

a Beschleunigung
Δv Geschwindigkeitsänderung
Δt Zeitdifferenz
$\Delta v/\Delta t$ Steigung der $v(t)$-Kurve
v erreichte Geschwindigkeit
Δs Wegdifferenz
$\Delta s/\Delta t$ Steigung der $s(t)$-Kurve
v_0 Anfangsgeschwindigkeit
t Zeit, Dauer
s Weg, Weglänge
g Fallbeschleunigung ($g = 9{,}81\ \text{m/s}^2$)
h Fallhöhe

$$a = \frac{\Delta v}{\Delta t}$$
$$v = v_0 + a \cdot t$$
$$v = \frac{\Delta s}{\Delta t}$$
$$s = v_0 \cdot t + \frac{1}{2}\, a \cdot t^2$$

Freier Fall:

$$v = g \cdot t$$
$$h = \frac{1}{2}\, g \cdot t^2$$

$[g] = [a] = \frac{\text{m}}{\text{s}^2}$

Gleichmäßig verzögert

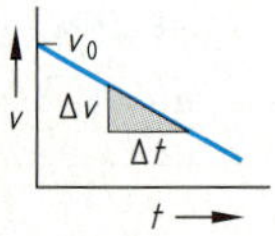

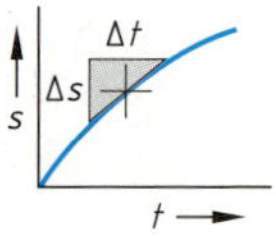

v Geschwindigkeit nach der Verzögerung
v_0 Anfangsgeschwindigkeit
a Verzögerung
s_b Bremsweg

$$a = \frac{\Delta v}{\Delta t}$$
$$v = v_0 - a \cdot t$$
$$v = \frac{\Delta s}{\Delta t}$$
$$s = v_0 \cdot t - \frac{1}{2}\, a \cdot t^2$$

Bremsweg:

$$s_b = \frac{v_0^2}{2a}$$

Kreisförmig

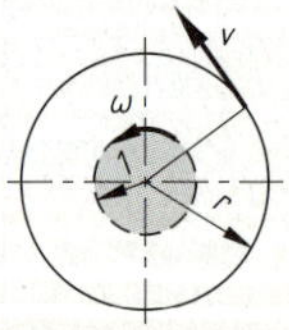

n Drehzahl, Umdrehungsfrequenz
ω Winkelgeschwindigkeit, Drehgeschwindigkeit
r Bahnradius
d Bahndurchmesser
v Umfangsgeschwindigkeit
T Umlaufdauer

$$\omega = 2\pi \cdot n$$
$$n = \frac{1}{T}$$
$$v = 2\pi \cdot n \cdot r$$
$$v = \pi \cdot n \cdot d$$
$$v = \omega \cdot r$$

$[n] = \text{s}^{-1}$ $[\omega] = \text{rad} \cdot \text{s}^{-1} = \text{s}^{-1}$

10.2.2 Mechanische Arbeit, mechanische Energie

Arbeitsbegriff, Einheit

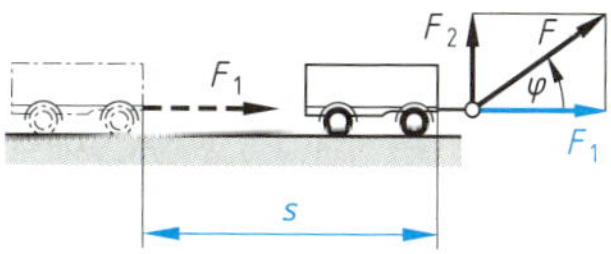

W	Arbeit
F_1	Kraft in Wegrichtung
s	Weg
F	Kraft
φ	Winkel zwischen Kraft und Weg

$[W] = \text{Nm}$

1 Nm = 1 Ws = 1 J

$$W = F_1 \cdot s$$

$$W = F \cdot s \cdot \cos\varphi$$

Hochheben (ohne Reibung und Beschleunigung)

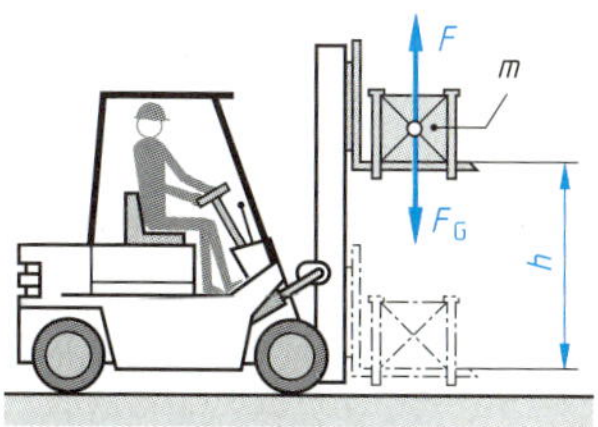

F	Hubkraft
F_G	Gewichtskraft
m	gehobene Masse
g	Fallbeschleunigung ($g = 9{,}81\ \text{m/s}^2$)
h	Hubhöhe
W_h	Hubarbeit
W_p	potentielle Energie, Energie der Lage

$F = F_G$

$W_p = W_h$

$$[W] = \frac{\text{kg} \cdot \text{m}^2}{\text{s}^2} = \text{Nm} = \text{J}$$

$$F_G = m \cdot g$$

$$W_h = F_G \cdot h$$

$$W_p = m \cdot g \cdot h$$

Beschleunigung (ohne Reibung und Höhenunterschied)

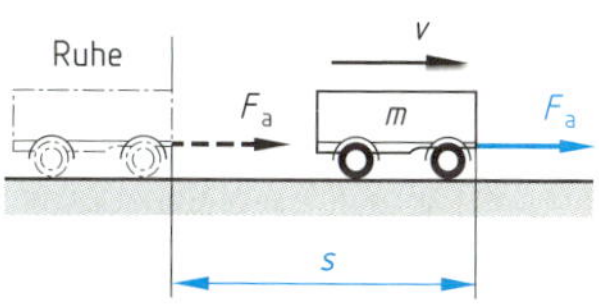

F_a	beschleunigende Kraft
m	beschleunigte Masse
s	Weg
a	Beschleunigung
v	erreichte Geschwindigkeit
W_a	Beschleunigungsarbeit
W_k	kinetische Energie, Bewegungsenergie

$W_k = W_a$

$$F_a = m \cdot a$$

$$W_a = F_a \cdot s$$

$$W_a = m \cdot a \cdot s$$

$$W_k = \frac{1}{2}\, m \cdot v^2$$

Verformen (ohne Reibung)

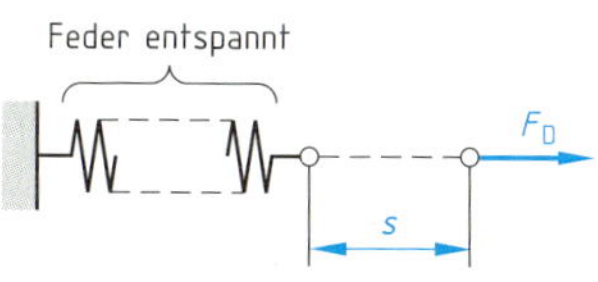

F_D	verformende Kraft
s	Verlängerung, Verkürzung
D	Richtgröße der Feder
W_D	Verformungsarbeit
W_p	potentielle Energie, Verformungsenergie

$$[D] = \frac{\text{N}}{\text{m}}$$

$W_p = W_D$

$$F_D = D \cdot s$$

$$W_D = \frac{1}{2}\, F_D \cdot s$$

$$W_p = \frac{1}{2}\, D \cdot s^2$$

Reibung (ohne Beschleunigung Höhenunterschied)

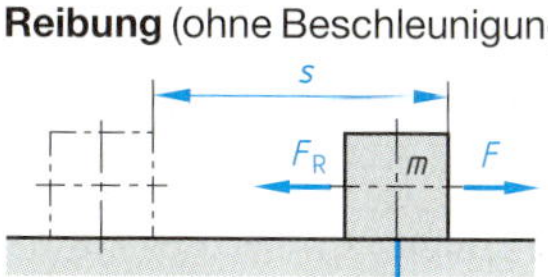

Gleitreibung

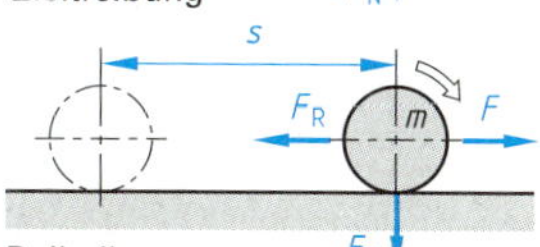

Rollreibung

F	Antriebskraft
F_R	Reibungskraft
F_N	Normalkraft
μ	Reibungszahl
s	Weg
W_R	Reibungsarbeit
F_G	Gewichtskraft
m	Masse
g	Fallbeschleunigung ($g = 9{,}81\ \text{m/s}^2$)

$F = F_R$

$F_N = F_G$

$$W_R = F_R \cdot s$$

$$W_R = \mu \cdot F_N \cdot s$$

$$W_R = \mu \cdot m \cdot g \cdot s$$

10.2.3 Riementrieb, Zahnradtrieb, Schneckentrieb

Riementrieb

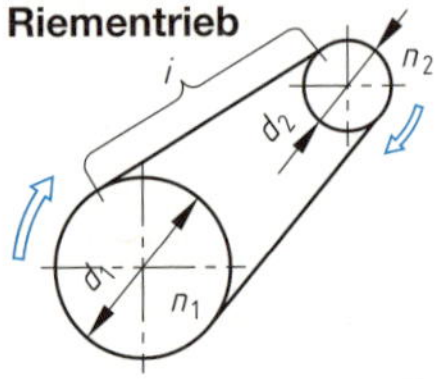

Einfache Übersetzung

d_1	Durchmesser der treibenden Scheibe
d_2	Durchmesser der getriebenen Scheibe
n_1	Drehzahl der treibenden Scheibe
n_2	Drehzahl der getriebenen Scheibe
i	Übersetzungsverhältnis

$$n_1 \cdot d_1 = n_2 \cdot d_2$$

$$i = \frac{d_2}{d_1}$$

$$i = \frac{n_1}{n_2}$$

Zahnradtrieb

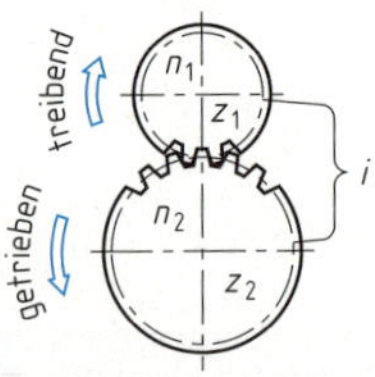

Einfache Übersetzung

z_1	Zähnezahl des treibenden Rades
z_2	Zähnezahl des getriebenen Rades
n_1	Drehzahl des treibenden Rades
n_2	Drehzahl des getriebenen Rades
i	Übersetzungsverhältnis

$$n_1 \cdot z_1 = n_2 \cdot z_2$$

$$i = \frac{z_2}{z_1}$$

$$i = \frac{n_1}{n_2}$$

10.2.4 Rollen und Flaschenzug

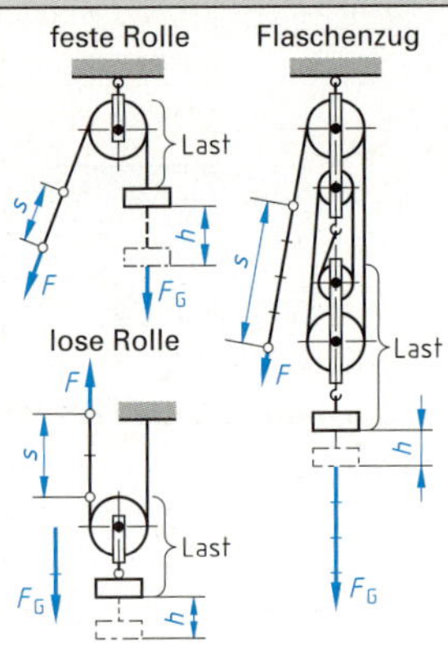

F	Kraft im Zugseil
s	Kraftweg
F_G	Gewichtskraft der Last
h	Hubhöhe
n	Gesamtzahl der Rollen beim Flaschenzug

Feste Rolle:

$$s = h$$

$$F = F_G$$

Lose Rolle:

$$s = 2 \cdot h$$

$$F = \frac{F_G}{2}$$

Flaschenzug:

$$s = n \cdot h$$

$$F = \frac{F_G}{n}$$

10.2.5 Drehmomente

Begriff und Einheit

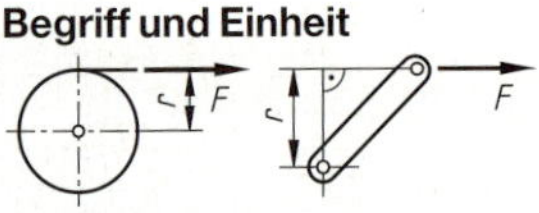

M	Moment, Drehmoment
F	Kraft
r	Hebelarm

$$M = F \cdot r$$

$[M]$ = Nm

Gleichgewichtsbedingung (Hebelgesetz)

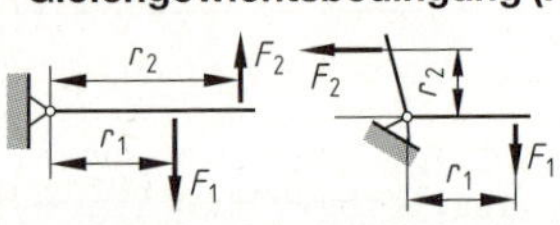

$F_1, F_2, \ldots$	Kräfte
$r_1, r_2, \ldots$	Hebelarme
ΣM	Summe der Momente

$$F_2 \cdot r_2 + \ldots = F_1 \cdot r_1 + \ldots$$

$$\Sigma M_{\text{links}} = \Sigma M_{\text{rechts}}$$

Lagerkräfte (Auflagerkräfte) bei einem Träger mit konstantem Querschnitt

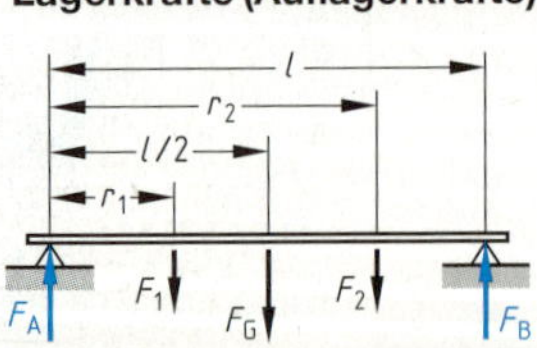

$F_1, F_2, \ldots$	Kräfte am Träger
$r_1, r_2, \ldots$	Hebelarme
F_G	Gewicht des Trägers
l	Abstand der Lager
F_A, F_B	Lagerkräfte

$$F_B \cdot l = F_1 \cdot r_1 + F_2 \cdot r_2 + \frac{1}{2}\, l \cdot F_G$$

$$F_A + F_B = F_1 + F_2 + F_G$$

10.2.6 Mechanische Leistung

Leistung bei geradliniger Bewegung und bei Drehbewegung

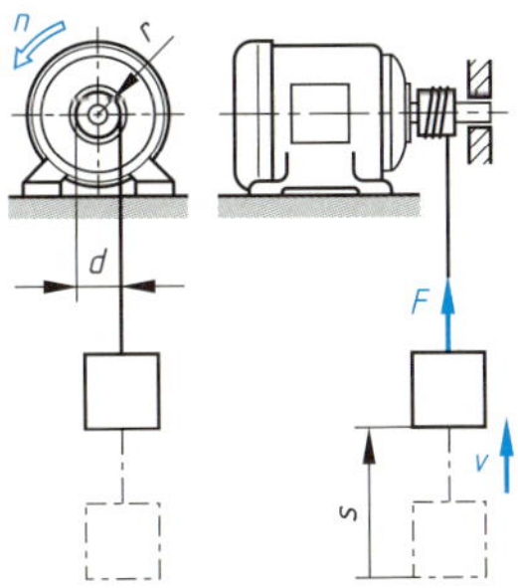

P	Leistung
W	Arbeit
t	Arbeitszeit
F	Kraft
s	Kraftweg
v	Geschwindigkeit
n	Umdrehungsfrequenz, Drehzahl
r	Radius
M	Drehmoment
ω	Winkelgeschwindigkeit, Drehgeschwindigkeit

$$[P] = \frac{\text{Nm}}{\text{s}}$$

$$1\,\frac{\text{Nm}}{\text{s}} = 1\,\frac{\text{J}}{\text{s}} = 1\,\text{W}$$

$$v = 2\pi \cdot n \cdot r$$

$$M = F \cdot r$$

$$\omega = 2\pi \cdot n$$

$$[\omega] = \frac{\text{rad}}{\text{s}} = \frac{1}{\text{s}}$$

$$P = \frac{W}{t} = \frac{F \cdot s}{t}$$

$$P = F \cdot v$$

$$P = F \cdot r \cdot 2\pi \cdot n$$

$$P = M \cdot 2\pi \cdot n$$

$$P = M \cdot \omega$$

In der Praxis häufig verwendet: P in kW, M in Nm, n in $\frac{1}{\text{min}}$ ⇒ $P = \frac{M \cdot n}{9549}$

10.3 Umlaufende elektrische Maschinen

10.3.1 Drehfeldmaschinen

Asynchronmaschinen

n	Läuferdrehzahl
n_s	Drehfelddrehzahl
s	Schlupf (in %)
f_L	Frequenz der Läuferspannung
f	Netzfrequenz
P_1	zugeführte Leistung
P_2	abgegebene Leistung
U	Leiterspannung
I	Leiterstrom
$\cos\varphi$	Wirkleistungsfaktor

Art der Maschine	Motor	Generator
Drehstrom- und Wechselstrommaschine	$s = \frac{n_s - n}{n_s} \cdot 100\,\%$ $f_L = \frac{f \cdot s}{100\,\%}$ $f_L = f \cdot \frac{n_s - n}{n_s}$	$s = \frac{n - n_s}{n_s} \cdot 100\,\%$ $f_L = \frac{f \cdot s}{100\,\%}$ $f_L = f \cdot \frac{n - n_s}{n_s}$
Drehstrommaschine	$P_1 = \sqrt{3} \cdot U \cdot I \cdot \cos\varphi$	$P_2 = \sqrt{3} \cdot U \cdot I \cdot \cos\varphi$
Wechselstrommaschine	$P_1 = U \cdot I \cdot \cos\varphi$	$P_2 = U \cdot I \cdot \cos\varphi$

Synchronmaschinen

n	Läuferdrehzahl
n_s	synchrone Drehzahl
f	Netzfrequenz
p	Polpaarzahl
P_1	zugeführte Leistung
P_2	abgegebene Leistung
U	Leiterspannung
I	Leiterstrom
$\cos\varphi$	Wirkleistungsfaktor
η	Wirkungsgrad

Motor	Generator
$n = n_s;\ n_s = \frac{f}{p}$	$n = n_s;\ n_s = \frac{f}{p}$
$P_1 = \sqrt{3} \cdot U \cdot I \cdot \cos\varphi$	$P_2 = \sqrt{3} \cdot U \cdot I \cdot \cos\varphi$
$P_2 = \sqrt{3} \cdot U \cdot I \cdot \cos\varphi \cdot \eta$	$P_1 = \frac{\sqrt{3} \cdot U \cdot I \cdot \cos\varphi}{\eta}$

Schrittmotor

α	Schrittwinkel
p	Polpaarzahl
m	Strangzahl (Phasenzahl)
z_u	Schrittzahl/Umdrehung
n	Drehzahl
f_{sch}	Schrittfrequenz

$$z_u = 2 \cdot p \cdot m \qquad \alpha = \frac{360°}{z_u}$$

$$n = \frac{f_{sch}}{2 \cdot p \cdot m} \qquad n = \frac{f_{sch}}{z_u}$$

Zahnläufer

n	Drehzahl
f	Frequenz
z	Zähnezahl

$$[n] = s^{-1}$$

$$n = \frac{2 \cdot f}{z}$$

10 Elektrische Maschinen

10.3.2 Gleichstrommaschinen

Fremderregte Gleichstrommaschine

Motor

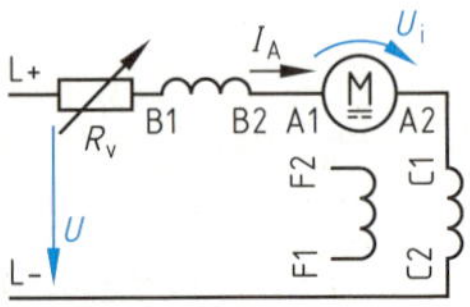

U	Netzspannung
U_i	induzierte Gegenspannung
U_B	Bürstenspannung
I_A	Ankerstrom
I_2	Einschaltstrom
R_A	Ankerwiderstand
R_v	Anlasswiderstand
R_k	Widerst. Kompensationswickl.
R_{wp}	Widerst. Wendepolwicklung

$$U = U_i + U_B + I_A \cdot (R_A + R_{wp} + R_k)$$

$$R_v = \frac{U - U_B}{I_2} - R_A - R_{wp} - R_k$$

Hat die Maschine keine Wendepol- bzw. keine Kompensationswicklung, ist $R_{wp} = 0\,\Omega$ bzw. $R_k = 0\,\Omega$.

Generator

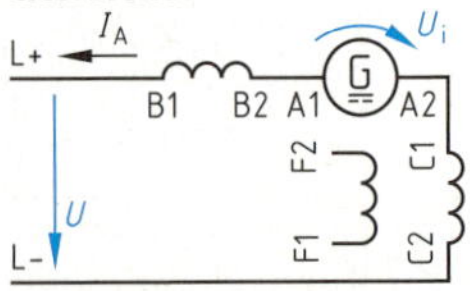

U	Klemmenspannung
U_i	induzierte Spannung
U_B	Bürstenspannung
I_A	Ankerstrom
R_A	Ankerwiderstand
R_k	Widerst. Kompensationswickl.
R_{wp}	Widerst. Wendepolwicklung

$$U = U_i - U_B - I_A \cdot (R_A + R_{wp} + R_k)$$

Hat die Maschine keine Wendepol- bzw. keine Kompensationswicklung, ist $R_{wp} = 0\,\Omega$ bzw. $R_k = 0\,\Omega$.

Gleichstrom-Nebenschlussmaschine

Motor

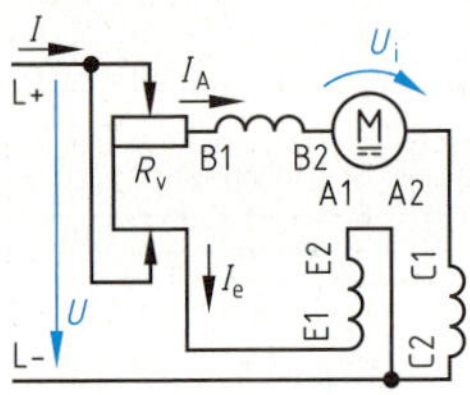

U	Netzspannung
U_i	induzierte Gegenspannung
U_B	Bürstenspannung
I	Netzstrom
I_A	Ankerstrom
I_e	Erregerstrom
I_2	Einschaltstrom
R_e	Erregerwiderstand
R_A	Ankerwiderstand
R_{wp}	Widerst. Wendepolwicklung
R_k	Widerst. Kompensationswickl.
R_v	Anlasswiderstand

$$I = I_A + I_e \qquad U = I_e \cdot R_e$$

$$U = U_i + U_B + I_A \cdot (R_A + R_{wp} + R_k)$$

$$R_v = \frac{U - U_B}{I_2 - I_e} - R_A - R_{wp} - R_k$$

Hat die Maschine keine Wendepol- bzw. keine Kompensationswicklung, ist $R_{wp} = 0\,\Omega$ bzw. $R_k = 0\,\Omega$.

Generator

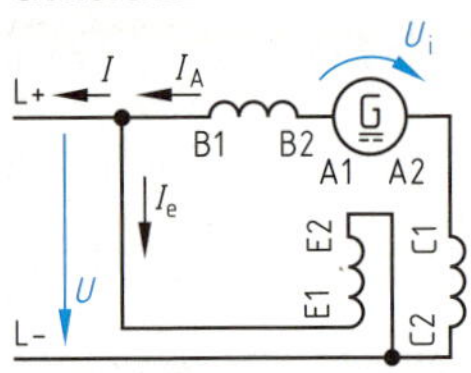

I_A	Ankerstrom
I_e	Erregerstrom
U	Klemmenspannung
U_i	induzierte Spannung
U_B	Bürstenspannung
R_e	Erregerwiderstand
R_A	Ankerwiderstand
R_{wp}	Widerst. Wendepolwicklung
R_k	Widerst. Kompensationswickl.

$$I = I_A - I_e$$

$$U = I_e \cdot R_e$$
$$U = U_i - U_B - I_A \cdot (R_A + R_{wp} + R_k)$$

Hat die Maschine keine Wendepol- bzw. keine Kompensationswicklung, ist $R_{wp} = 0\,\Omega$ bzw. $R_k = 0\,\Omega$.

Gleichstrom-Reihenschlussmaschine

Motor

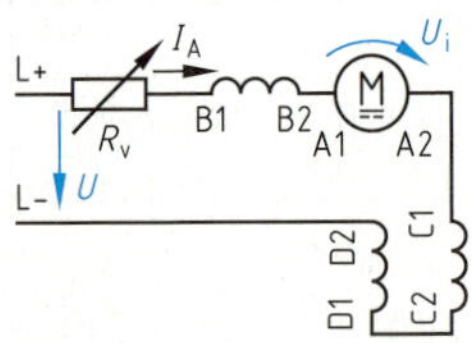

U	Netzspannung
U_B	Bürstenspannung
U_i	induzierte Gegenspannung
R_A	Ankerwiderstand
R_e	Erregerwiderstand
R_{wp}	Widerstand der Wendepolwicklung
R_k	Widerstand der Kompensationswicklung
R_v	Anlasswiderstand
I_A	Ankerstrom
I_2	Einschaltstrom

$$U = U_i + U_B + I_A \cdot (R_A + R_e + R_{wp} + R_k)$$

$$R_v = \frac{U - U_B}{I_2} - R_A - R_e - R_{wp} - R_k$$

Hat die Maschine keine Wendepol- bzw. keine Kompensationswicklung, ist $R_{wp} = 0\,\Omega$ bzw. $R_k = 0\,\Omega$.

Generator

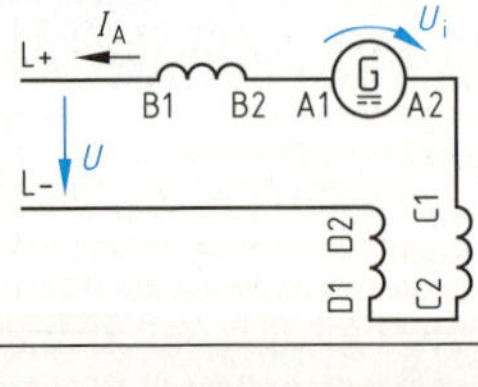

U	Klemmenspannung
U_i	induzierte Spannung
U_B	Bürstenspannung
I_A	Ankerstrom
R_e	Erregerwiderstand
R_A	Ankerwiderstand
R_{wp}	Widerst. Wendepolwicklung
R_k	Widerst. Kompensationswickl.

$$U = U_i - U_B - I_A \cdot (R_A + R_e + R_{wp} + R_k)$$

Hat die Maschine keine Wendepol- bzw. keine Kompensationswicklung, ist $R_{wp} = 0\,\Omega$ bzw. $R_k = 0\,\Omega$.

11 Elektrische Anlagen

11.1 Schutzmaßnahmen

11.1.1 Schutzmaßnahmen im TN-System

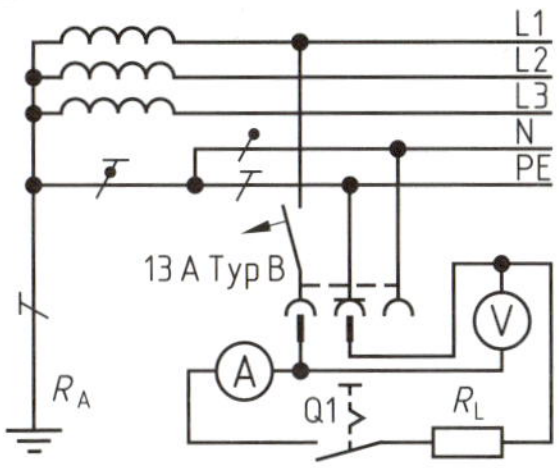

Z_s Schleifenimpedanz (Schleifenwiderstand)
U_0 Spannung zwischen dem unbelasteten Außenleiter und dem PE- oder PEN-Leiter
U Spannung zwischen dem belasteten Außenleiter und dem PE- oder PEN-Leiter
I Belastungsstrom
I_a Abschaltstrom der Schutzeinrichtung
I_k Kurzschlussstrom

$$Z_s \leq \frac{U_0}{I_a}$$

$$I_a \leq \frac{U_0}{Z_s}$$

$$I_k = \frac{U_0}{Z_s}$$

$$Z_s = \frac{U_0 - U}{I}$$

Bei Messungen gilt nach DIN VDE 0100, Teil 600, Anhang C:

$$Z_s \leq \frac{2}{3} \cdot \frac{U_0}{I_a}$$

Maximale Abschaltzeiten im TN-System	(Nach DIN VDE 0100, Teil 410)	
Stromkreisart	Nennwechselspannung U_0	Abschaltzeit t_a
Endstromkreise mit Überstrom-Schutz-einrichtungen bis I_n = 32 A	über 50 V bis 120 V über 120 V bis 230 V über 230 V bis 400 V über 400 V	0,8 s 0,4 s 0,2 s 0,1 s
Verteilungsstromkreise und Endstromkreise mit I_n > 32 A		5 s

Strom-Zeit-Kennlinien von Überstrom-Schutzeinrichtungen: Seite 36

11.1.2 Schutzmaßnahmen im TT-System

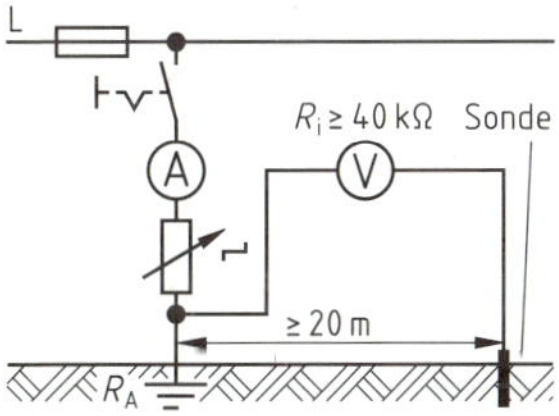

R_A Erdungswiderstand
I_a Abschaltstrom der Überstrom-Schutzeinrichtung
U_L vereinbarte Grenze der zulässigen Berührungsspannung
U_E Erderspannung bei der Prüfung
I_E Erderstrom bei der Prüfung
$I_{\Delta n}$ Bemessungs-Differenzstrom der RCD

$$R_A \cdot I_a \leq U_L$$

$$R_A = \frac{U_E}{I_E}$$

$$R_A = \frac{U_E}{I_{\Delta n}}$$

11.1.3 Schutzmaßnahmen im IT-System

Abschaltzeiten im IT-System	
Nenn-wechsel-spannung in V	Zulässige Abschaltzeiten im IT-System
> 50 bis 120	0,8 s
> 120 bis 230	0,4 s
> 230 bis 400	0,2 s
> 400	0,1 s

R_A Erdungswiderstand
I_d Fehlerstrom nach dem Auftreten des ersten Fehlers zwischen Außenleiter und Körper
U_L vereinbarte Grenze der zulässigen Berührungsspannung
U_0 Nennwechselspannung zwischen Außenleiter und Neutralleiter
U Nennwechselspannung zwischen Außenleitern
Z_s Impedanz der Fehlerschleife
I_a Abschaltstrom der Schutzeinrichtung

$$R_A \cdot I_d \leq U_L$$

Dreileitersystem ohne N:

$$Z_s \leq \frac{U}{2 \cdot I_a}$$

Vierleitersystem mit N:

$$Z_s \leq \frac{U_0}{2 \cdot I_a}$$

11.1.4 Fehlerstrom-Schutzeinrichtung (RCD*)

Zulässige Erdungswiderstände R_A	
$I_{\Delta n}$	Erdungswiderstand R_A bei U_L = 50 V
0,03 A	1665 Ω
0,3 A	165 Ω
0,5 A	100 Ω

U_L vereinbarte Grenze der zulässigen Berührungsspannung
R_A Erdungswiderstand
$I_{\Delta n}$ Bemessungs-Differenzstrom der Fehlerstrom-Schutzeinrichtung (RCD)

$$R_A \cdot I_{\Delta n} \leq U_L$$

* RCD, Abk. für Residual Current Protection Device (engl.) = Fehlerstrom-Schutzeinrichtung

11.1.5 Messen der Isolationsimpedanz (Isolationswiderstand)

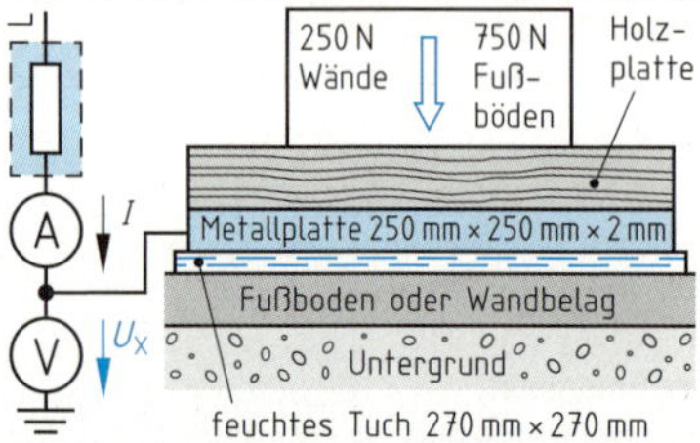

Z_x Isolationsimpedanz (Isolationswiderstand) des Fußbodens oder der Wand

I Stromstärke

U_x Spannung zwischen Metallplatte und Schutzleiter

$$Z_x = \frac{U_x}{I}$$

11.1.6 Strom-Zeit-Kennlinien von Überstrom-Schutzeinrichtungen

Strom-Zeit-Kennlinien von Niederspannungssicherungen gG (Schmelzsicherungen)

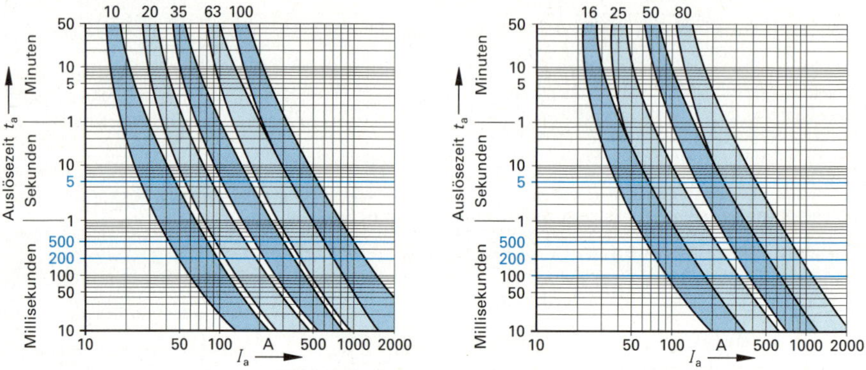

Auslösekennlinien von Leitungsschutzschaltern (LS-Schalter)

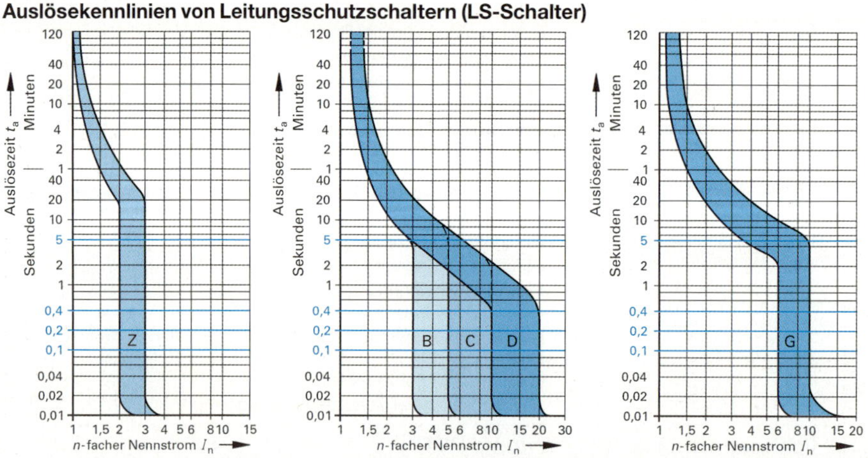

Abschaltströme; χ-Faktoren[1] von LS-Schaltern zur Berechnung des Abschaltstromes I_a (Auswahl)

Charakteristik	Z[2]	B	C	D	G[2]	Anwendungsbeispiele für LS-Schalter:
χ-Faktoren Abschaltstrom I_a	1,2 $3 \cdot I_n$	1,45 $5 \cdot I_n$	1,45 $10 \cdot I_n$	1,45 $20 \cdot I_n$	1,35 $10 \cdot I_n$	Z: Halbleiterschutz, Spannungswandler B: Hausinstallation C: Kleintransformatoren, Motoren, Beleuchtungsstromkreise D, G: Motorstromkreise oder Transformatoren mit hohem Einschaltstrom

[1] Griechischer Kleinbuchstabe chi

[2] LS-Schalter Typ Z und G lösen im Überlastbereich früher aus (χ = 1,2 ... 1,35) als LS-Schalter des Typs B, C und D (χ = 1,45).

11.2 Leitungsberechnungen

11.2.1 Unverzweigte Leitungen

Leitung für Gleichstrom

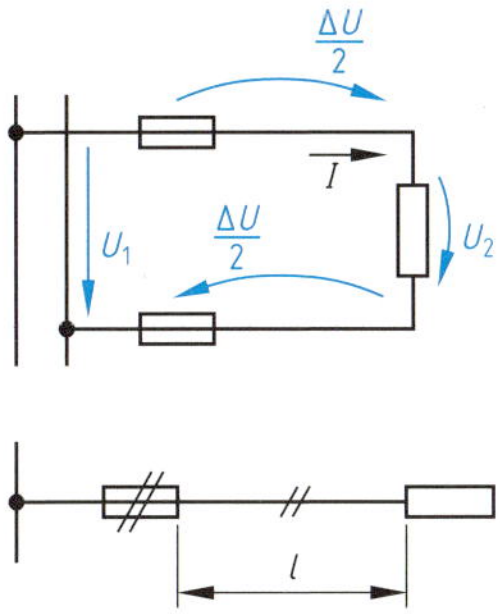

- U_1 Spannung am Leitungsanfang, Netzspannung
- U_2 Spannung am Leitungsende, Verbraucherspannung
- U Netz-Nennspannung
- ΔU Spannungsfall in V
- Δu Spannungsfall in %
- I Leiterstrom
- γ elektrische Leitfähigkeit
- A Leiterquerschnitt*
- P zu übertragende Leistung
- P_v Leistungsverlust in W
- $P_{v\,\%}$ Leistungsverlust in %

$[\Delta U] = \mathrm{V}$

$[P_v] = \mathrm{W}$

$$\Delta U = U_1 - U_2$$

$$\Delta U = \frac{2\cdot I\cdot l}{\gamma\cdot A}$$

$$\Delta U = \frac{2\cdot P\cdot l}{\gamma\cdot A\cdot U}$$

$$\Delta u = \frac{\Delta U}{U}\cdot 100\ \%$$

$$P_v = \frac{2\cdot I^2\cdot l}{\gamma\cdot A}$$

$$P_{v\,\%} = \frac{P_v\cdot 100\ \%}{P}$$

$$P_{v\,\%} = \frac{2\cdot I\cdot l\cdot 100\ \%}{\gamma\cdot A\cdot U}$$

* Nach DIN 1304 auch *S* oder *q*.

Leitung für Wechselstrom

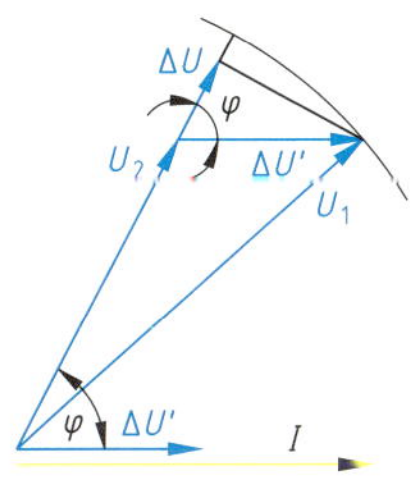

$\Delta U' = \frac{2I\cdot l}{\gamma\cdot A}$; $\Delta U = \Delta U'\cdot\cos\varphi$

- U_1 Spannung am Leitungsanfang, Netzspannung
- U_2 Spannung am Leitungsende, Verbraucherspannung
- U Netz-Nennspannung
- ΔU Spannungsfall in V
- Δu Spannungsfall in %
- $\Delta U'$ Spannung an der Leitung
- I Leiterstrom
- l Länge der Leitung
- $\cos\varphi$ Wirkleistungsfaktor
- γ elektrische Leitfähigkeit
- A Leiterquerschnitt*
- P zu übertragende Leistung
- P_v Leistungsverlust in W
- $P_{v\,\%}$ Leistungsverlust in %

$\Delta U \approx U_1 - U_2$

$$\Delta U = \frac{2\cdot I\cdot l\cdot\cos\varphi}{\gamma\cdot A}$$

$$\Delta U = \frac{2\cdot P\cdot l}{\gamma\cdot A\cdot U}$$

$$\Delta u = \frac{\Delta U}{U}\cdot 100\ \%$$

$$P_v = \frac{2\cdot I^2\cdot l}{\gamma\cdot A}$$

$$P_{v\,\%} = \frac{P_v\cdot 100\ \%}{P}$$

$$P_{v\,\%} = \frac{2\cdot I\cdot l\cdot 100\ \%}{\gamma\cdot A\cdot U\cdot\cos\varphi}$$

* Nach DIN 1304 auch *S* oder *q*.

Leitung für Drehstrom (bei symmetrischer Belastung)

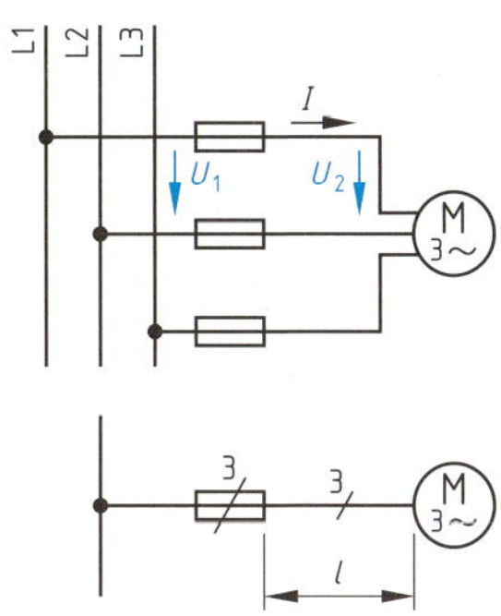

- U_1 Außenleiterspannung am Leitungsanfang
- U_2 Außenleiterspannung am Leitungsende
- U Netz-Nennspannung
- ΔU Spannungsfall in V
- Δu Spannungsfall in %
- I Leiterstrom
- l Leitungslänge
- $\cos\varphi$ Wirkleistungsfaktor
- γ elektrische Leitfähigkeit
- A Leiterquerschnitt*
- P zu übertragende Leistung
- P_v Leistungsverlust in W
- $P_{v\,\%}$ Leistungsverlust in %

$\Delta U \approx U_1 - U_2$

$$\Delta U = \frac{\sqrt{3}\cdot I\cdot l\cdot\cos\varphi}{\gamma\cdot A}$$

$$\Delta U = \frac{P\cdot l}{\gamma\cdot A\cdot U}$$

$$\Delta u = \frac{\Delta U}{U}\cdot 100\ \%$$

$$P_v = \frac{3\cdot I^2\cdot l}{\gamma\cdot A}$$

$$P_{v\,\%} = \frac{P_v\cdot 100\ \%}{P}$$

$$P_{v\,\%} = \frac{\sqrt{3}\cdot I\cdot l\cdot 100\ \%}{\gamma\cdot A\cdot U\cdot\cos\varphi}$$

* Nach DIN 1304 auch *S* oder *q*.

11.2.2 Verzweigte Leitungen

Leitung für Gleichstrom

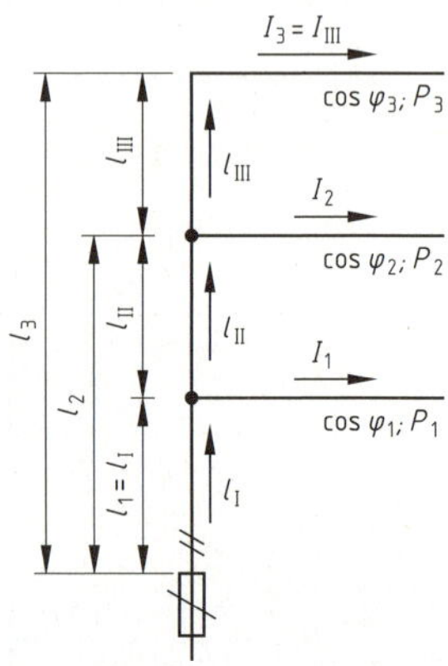

U_1	Spannung am Leitungsanfang
U_2	Spannung am Leitungsende
ΔU	Spannungsfall in V bis zum Ende der Leitung
U	Netz-Nennspannung
γ	elektrische Leitfähigkeit
A*	Leiterquerschnitt
I	Gesamtstrom im ersten Leitungsabschnitt
Σ**	Zeichen für Summe
$I_1, I_2, \ldots$	Zweigströme
$l_1, l_2, \ldots$	Leitungslängen bis zu den Abzweigen
$I_I, I_{II}, \ldots$	Gesamtströme in den Hauptleitungsabschnitten
$l_I, l_{II}, \ldots$	Längen der Hauptleitungsabschnitte
$P_1, P_2, \ldots$	Zweigleistungen
$P_I, P_{II}, \ldots$	Gesamtleistungen in den Leitungsabschnitten
P_v	Leistungsverlust in W
$P_{v\,\%}$	Leistungsverlust in %
$\cos\varphi_1, \cos\varphi_2 \ldots$	Leistungsfaktoren der Zweige
$\cos\varphi_m$	mittlerer Leistungsfaktor (geschätzt)
g	Gleichzeitigkeitsfaktor

$$\Delta U = U_1 - U_2$$

$$\Delta U = \frac{2}{\gamma \cdot A} \cdot \Sigma(I \cdot l)$$

$$\Sigma(I \cdot l) = I_I \cdot l_I + I_{II} \cdot l_{II} + \ldots$$
$$\Sigma(I \cdot l) = I_1 \cdot l_1 + I_2 \cdot l_2 + \ldots$$

$$\Delta U = \frac{2}{\gamma \cdot A \cdot U} \cdot \Sigma(P \cdot l)$$

$$\Sigma(P \cdot l) = P_I \cdot l_I + P_{II} \cdot l_{II} + \ldots$$
$$\Sigma(P \cdot l) = P_1 \cdot l_1 + P_2 \cdot l_2 + \ldots$$

$$P_v = \frac{2 \cdot (I_I^2 \cdot l_I + I_{II}^2 \cdot l_{II} + \ldots)}{\gamma \cdot A}$$

$$I_I = I_1 + I_2 + I_3 + \ldots$$
$$I_{II} = I_2 + I_3 + \ldots \qquad I_{III} = I_3 + \ldots$$
$$P_I = P_1 + P_2 + P_3 + \ldots$$
$$P_{II} = P_2 + P_3 + \ldots \qquad P_{III} = P_3 + \ldots$$

Leitung für Wechselstrom

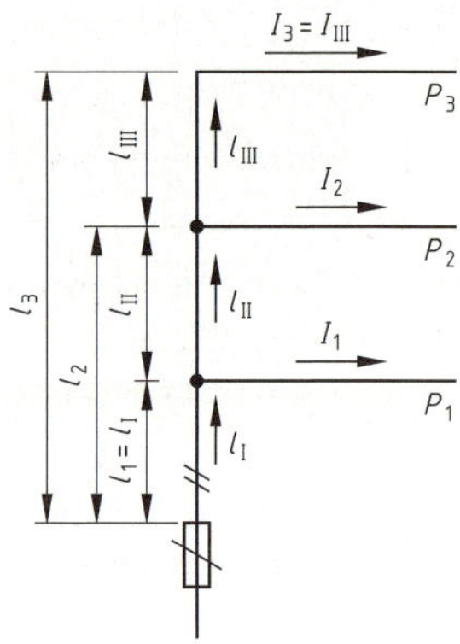

$$\Delta U \approx U_1 - U_2$$

$$\Delta U = \frac{2}{\gamma \cdot A} \, (I_1 \cdot l_1 \cdot \cos\varphi_1 + \ldots)$$

$$\Delta U = \frac{2 \cdot \cos\varphi_m}{\gamma \cdot A} \cdot \Sigma(I \cdot l)$$

$$\Delta U = \frac{2}{\gamma \cdot A \cdot U} \cdot \Sigma(P \cdot l)$$

$$P_v = \frac{2 \cdot (I_I^2 \cdot l_I + I_{II}^2 \cdot l_{II} + \ldots)}{\gamma \cdot A}$$

$$P_v\,\% = \frac{P_v \cdot 100\,\%}{P_1 + P_2 + \ldots}$$

Leitung für Drehstrom

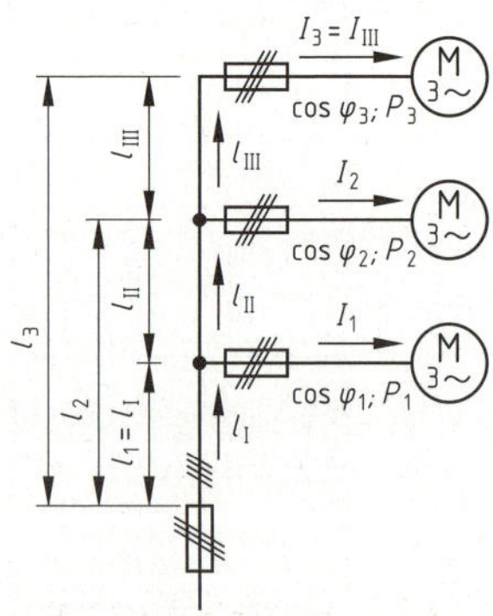

$$\Delta U = \frac{\sqrt{3} \cdot \Sigma(I \cdot l) \cdot \cos\varphi_m}{\gamma \cdot A}$$

$$\Delta U = \frac{\Sigma(P \cdot l)}{\gamma \cdot A \cdot U}$$

$$P_v = \frac{3 \cdot (I_I^2 \cdot l_I + I_{II}^2 \cdot l_{II} + \ldots)}{\gamma \cdot A}$$

$$P_{v\,\%} = \frac{P_v \cdot 100\,\%}{P_1 + P_2 + \ldots}$$

Hauptleitungen beim Gleichzeitigkeitsfaktor g:

$$\Delta U = \frac{\sqrt{3} \cdot \Sigma(I \cdot l) \cdot \cos\varphi_m \cdot g}{\gamma \cdot A}$$

* Nach DIN 1304 auch S oder q.
** Σ griech. Großbuchstabe Sigma.

11.2.3 Ringleitung

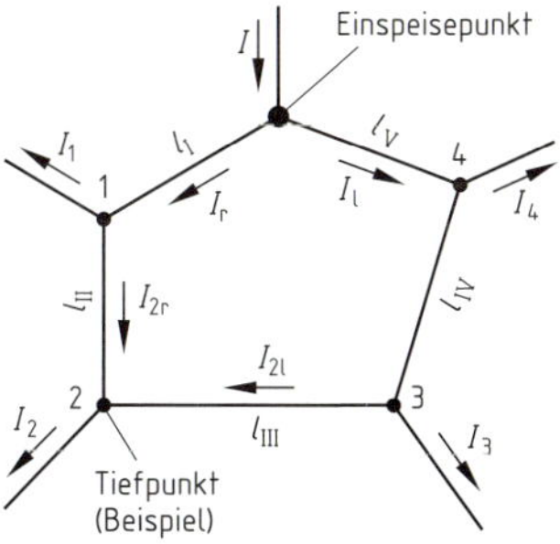

Ermittlung der Komponentenströme

Gleichgewichtsbedingungen für die Strommomente:

$$\Sigma(I \cdot l)_r = I_1 \cdot l_I + I_2(l_I + l_{II}) + I_3(l_I + l_{II} + l_{III}) + I_4(l_I + l_{II} + l_{III} + l_{IV})$$

$$\Sigma(I \cdot l)_l = I_4 \cdot l_V + I_3(l_{IV} + l_V) + I_2(l_{III} + l_{IV} + l_V) + I_1(l_{II} + l_{III} + l_{IV} + l_V)$$

$$\Sigma(I \cdot l)_r = I_l \cdot l \qquad \Sigma(I \cdot l)_l = I_r \cdot l \qquad I \approx I_1 + I_2 + I_3 + I_4$$

- $\Sigma(I \cdot l)_r$ Summe der Strommomente nach rechts
- $\Sigma(I \cdot l)_l$ Summe der Strommomente nach links
- $I_1, I_2, \ldots$ Zweigströme
- $l_I, l_{II}, \ldots$ Längen der Leitungsabschnitte
- I Gesamtstrom aller Zweige
- I_r Komponentenstrom nach rechts
- I_l Komponentenstrom nach links
- l Gesamtlänge der Ringleitung

$$I_l = \frac{\Sigma(I \cdot l)_r}{l}$$

$$I_r = I - I_l$$

$$I_r = \frac{\Sigma(I \cdot l)_l}{l}$$

$$I_l = I - I_r$$

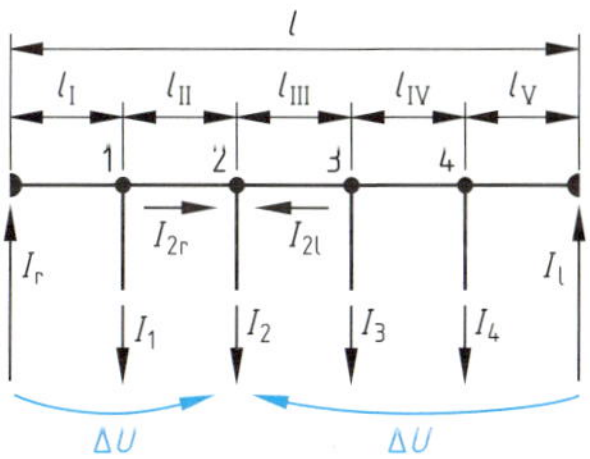

Ringleitung, am Einspeisepunkt aufgeschnitten

Bestimmung des Tiefpunkts (Punkt 2 im Beispiel)

- I_{2r} Teilstrom nach rechts zum Tiefpunkt
- I_{2l} Teilstrom nach links zum Tiefpunkt
- I_2 Zweigstrom am Tiefpunkt

Nach links zu Abzweig 2:

$I_{2r} = I_r - I_1$

$I_{2r} < I_2$

Abzweig 2 ist Tiefpunkt:

$I_2 = I_{2r} + I_{2l}$

Ermittlung des Leiterquerschnitts

Der Leiterquerschnitt wird vom größten Komponentenstrom bestimmt.

Ermittlung des Spannungsfalls bei Drehstrom

(Punkt 2 als Tiefpunkt)

$$\Sigma(I \cdot l)_{2r} = I_1 \cdot l_I + I_{2r}(l_I + l_{II})$$

$$\Sigma(I \cdot l)_{2l} = I_4 \cdot l_V + I_3(l_{IV} + l_V) + I_{2l}(l_{III} + l_{IV} + l_V)$$

- $\Sigma(I \cdot l)_{2r}$ Summe der Strommomente nach rechts bis zum Tiefpunkt
- $\Sigma(I \cdot l)_{2l}$ Summe der Strommomente nach links bis zum Tiefpunkt
- ΔU Spannungsfall bis zum Tiefpunkt
- A Leiterquerschnitt

$$\Delta U = \frac{\sqrt{3} \cdot \cos\varphi_m \cdot \Sigma(I \cdot l)_{2r}}{\gamma \cdot A}$$

$$\Delta U = \frac{\sqrt{3} \cdot \cos\varphi_m \cdot \Sigma(I \cdot l)_{2l}}{\gamma \cdot A}$$

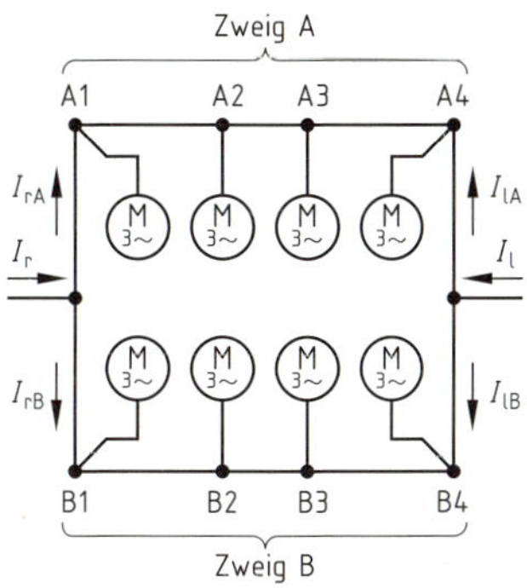

Ringleitung mit zwei Einspeisepunkten gleicher Spannung

Jeder der beiden Zweige A und B zwischen den Einspeisepunkten wird wie eine Ringleitung berechnet.

11.3 Licht und Beleuchtung

11.3.1 Lichttechnische Größen

Lichtausbeute

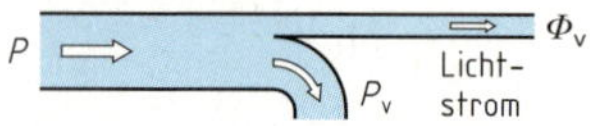

η Lichtausbeute
Φ_v Lichtstrom
P Leistungsaufnahme der Lichtquelle

$[\eta] = \frac{\text{lm}}{\text{W}}$

$[\Phi_v] = \text{lm}$

$$\eta = \frac{\Phi_v}{P}$$

Lichtstärke

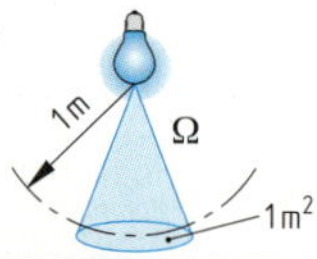

I_v Lichtstärke
Φ_v Lichtstrom
Ω Raumwinkel

$[I_v] = \frac{\text{lm}}{\text{sr}} = \text{cd}$

$[\Omega] = \text{sr}$ (steradiant)

$$I_v = \frac{\Phi_v}{\Omega}$$

Ω = 1 sr, wenn die Ausschnittsfläche auf der Kugel 1 m² beträgt (Kugel mit Halbmesser 1 m).

Beleuchtungsstärke

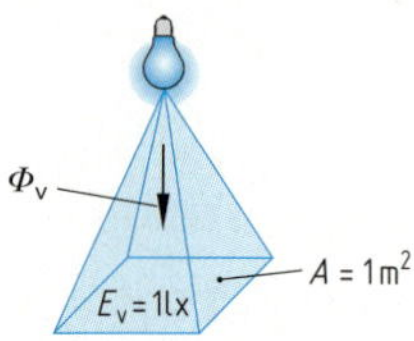

E_v Beleuchtungsstärke
E_p Beleuchtungsstärke im Punkt P
Φ_v Lichtstrom
η_B Beleuchtungswirkungsgrad
A beleuchtete Fläche
Ω Raumwinkel
r Abstand des Punktes P von der Lichtquelle
I_v Lichtstärke
α Strahlungswinkel gegen die Senkrechte

$[E] = \frac{\text{lm}}{\text{m}^2} = \text{lx}$

$$E_v = \frac{\Phi_v \cdot \eta_B}{A}$$

$$A = \Omega \cdot r^2$$

$$E_p = \frac{I_v \cdot \cos\alpha}{r^2}$$

Leuchtdichte

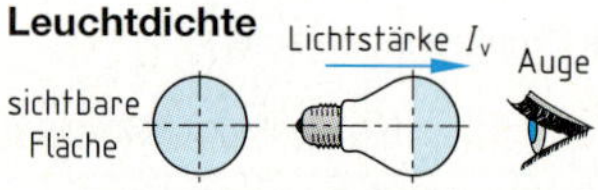

L_v Leuchtdichte
I_v Lichtstärke
A beleuchtete Fläche

$[L_v] = \frac{\text{cd}}{\text{m}^2}$

Lichteinfall senkrecht zur Fläche:

$$L_v = \frac{I_v}{A}$$

11.3.2 Berechnung von Beleuchtungsanlagen

Innenbeleuchtung nach der Wirkungsgradmethode

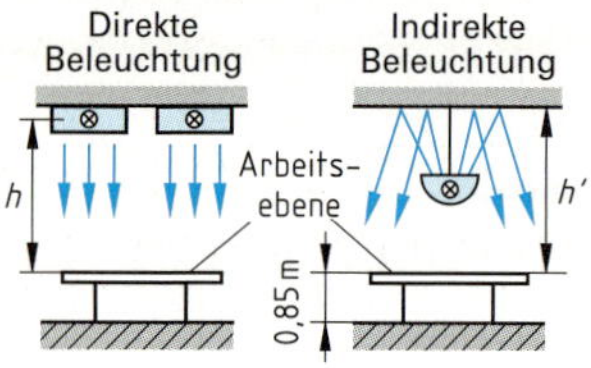

k Raumindex für direkte Beleuchtung
k_i Raumindex für indirekte Beleuchtung
l Länge des Raumes
b Breite des Raumes
h Höhe der Leuchte über der Arbeitsebene
h' Deckenhöhe über Arbeitsebene

Für direkte Beleuchtung:

$$k = \frac{l \cdot b}{h\,(l + b)}$$

Für indirekte Beleuchtung:

$$k_i = \frac{3 \cdot l \cdot b}{2 \cdot h'\,(l + b)}$$

Beleuchtungswirkungsgrad

η_B Beleuchtungswirkungsgrad
η_{LB} Leuchtenbetriebswirkungsgrad
η_R Raumwirkungsgrad

$$\eta_B = \eta_{LB} \cdot \eta_R$$

Wartungsfaktoren (Referenzwerte)

Wartungsfaktor *WF*	0,8	0,67	0,57	0,50
Anwendung	sehr saubere Räume	saubere Räume	Räume mit normaler Verschmutzung	Räume mit starker Verschmutzung

Zahl der erforderlichen Lampen

n Anzahl der erforderlichen Lampen
$\overline{E}_v$ mittlere Beleuchtungsstärke
A auszuleuchtende Fläche
WF Wartungsfaktor
Φ_{La} Lichtstrom je Lampe
η_B Beleuchtungswirkungsgrad

$[\overline{E}_v] = \text{lx}$

$[\Phi_{La}] = \text{lm}$

$$n = \frac{\overline{E}_v \cdot A}{\Phi_{La} \cdot \eta_B \cdot WF}$$

ϱ Reflexionsgrad
α Absorptionsgrad
τ Transmissionsgrad (Durchlassgrad)
Φ_ϱ reflektierter Lichtstrom
φ_α absorbierter Lichtstrom
Φ_τ durchgelassener Lichtstrom
Φ auftreffender Lichtstrom

Reflexion

$$\varrho = \frac{\Phi_\varrho}{\Phi}$$

Absorption

$$\alpha = \frac{\Phi_\alpha}{\Phi}$$

Transmission

$$\tau = \frac{\Phi_\tau}{\Phi}$$

$$\Phi = \Phi_\varrho + \Phi_\alpha + \Phi_\tau$$

$$\varrho + \alpha + \tau = 1$$

11.4 Antennen

11.4.1 Frequenzbereiche

Bereich	Langwelle	Mittelwelle	Kurzwelle	Fernsehbereich I	Ultrakurzwelle	unterer Sonderkanal	Fernsehbereich III	oberer Sonderkanal	Fernsehbereich IV	Fernsehbereich V
Kurzz.	LW	MW	KW	FI	UKW	USB	FIII	OSB	FIV	FV
Kanäle	–	–	–	2 ... 4	2 ... 70	S2 ... S10	5 ... 12	S11 ... S20	21 ... 37	38 ... 69
Frequenz	150 ... 285 kHz	520 ... 1605 kHz	3,95 ... 26,1 MHz	47 ... 68 MHz	87,5 ... 108 MHz	111 ... 174 MHz	174 ... 230 MHz	230 ... 300 MHz	470 ... 606 MHz	606 ... 862 MHz

11.4.2 Wellenlänge, Empfangsspannung, Wellenwiderstand

Wellenlänge elektromagnetischer Wellen im leeren Raum

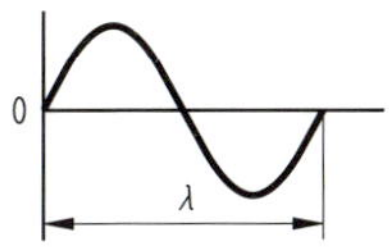

- λ Wellenlänge
- f Frequenz
- c Ausbreitungsgeschwindigkeit

$c \approx 300\,000\ \frac{\text{km}}{\text{s}}$

$[\lambda] = \frac{\text{m}}{\text{s}} \cdot \text{s} = \text{m}$

$$\lambda = \frac{c}{f}$$

Empfangsspannung

- U Empfangsspannung
- E Empfangsfeldstärke
- h wirksame Antennenlänge

$[U] = \frac{\text{V}}{\text{m}} \cdot \text{m} = \text{V}$

$$U = E \cdot h$$

Kenngrößen von Mehrelemente-Antennen

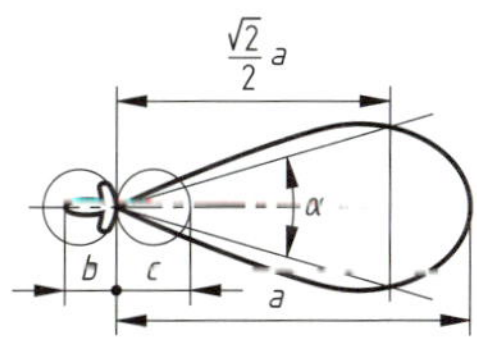

- g Antennengewinn
- a Empfangsspannung einer Mehrelemente-Antenne in Vorzugsrichtung
- c Dipolspannung
- VR Vor-Rück-Verhältnis
- b Rückwärtige Spannung einer Mehrelemente-Antenne
- α Öffnungswinkel

$[g] = \text{dB}$

$$g = 20 \lg \frac{a}{c}$$

$[VR] = \text{db}$

$$VR = 20 \lg \frac{a}{b}$$

Anpassungsvorschrift

- R_i Antennenwiderstand
- Z Wellenwiderstand der Leitung
- R_e Eingangswiderstand des Empfängers

$$R_i = Z = R_e$$

Wellenwiderstand der Leitung

- Z Wellenwiderstand
- L Leitungsinduktivität
- C Leitungskapazität

$[Z] = \sqrt{\frac{\text{Vs/Am}}{\text{As/Vm}}} = \Omega$

$$Z = \sqrt{\frac{L}{C}}$$

Wellenwiderstand des leeren Raumes

- μ_0 magnetische Feldkonstante
- ε_0 elektrische Feldkonstante
- Z_0 Wellenwiderstand des leeren Raumes

$$Z_0 = \sqrt{\frac{\mu_0}{\varepsilon_0}}$$

$Z_0 = \sqrt{\frac{1{,}26 \cdot 10^{-6}\ \text{Vs/Am}}{8{,}85 \cdot 10^{-12}\ \text{As/Vm}}} = 377\ \Omega$

11.4.3 Biegemoment

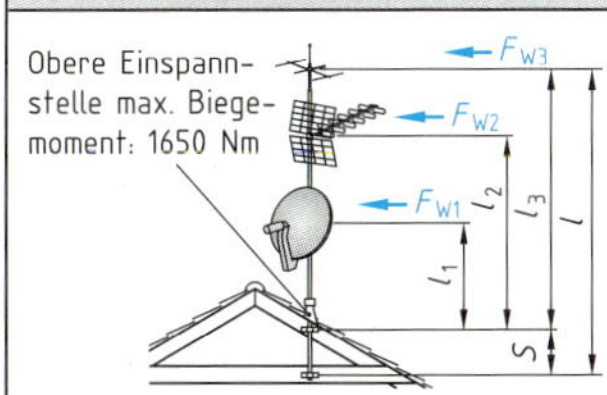

- M_1, M_2 Biegemoment der Antennen
- M_G Gesamtbiegemoment
- M_R Eigenbiegemoment des Antennenstandrohres
- S Einspannlänge
- F_{W1}, F_{W2} Windlasten
- $l_1, l_2, \ldots$ Abstände von der oberen Einspannstelle
- l Gesamtlänge

$$M_1 = F_{W1} \cdot l_1$$

$$M_G = M_R + M_1 + M_2 + \ldots$$

$$S \geq \frac{1}{6} \cdot l$$

11.4.4 Verstärkungen, Dämpfungen, Pegel

Verstärkungsfaktor, Dämpfungsfaktor

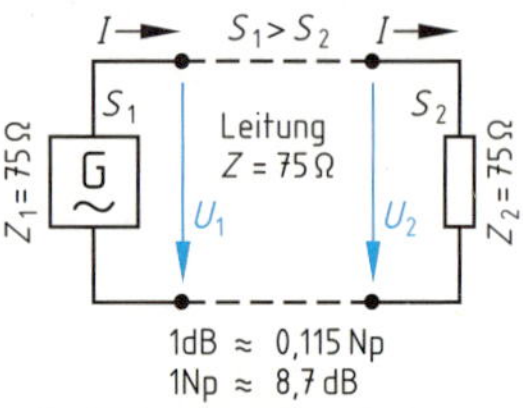

V_u Spannungsverstärkungsfaktor
U_1 Eingangsspannung
U_2 Ausgangsspannung
V_p Leistungsverstärkungsfaktor
P_1 aufgenommene Leistung
P_2 abgegebene Leistung
D_u Spannungsdämpfungsfaktor
D_p Leistungsdämpfungsfaktor

$$V_u = \frac{U_2}{U_1} \qquad V_p = \frac{P_2}{P_1}$$

$$D_u = \frac{U_1}{U_2} \qquad D_p = \frac{P_1}{P_2}$$

Verstärkungsmaß, Dämpfungsmaß

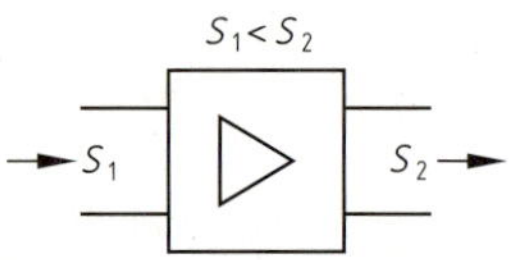

A_u Spannungsdämpfungsmaß in dB
U_1 Eingangsspannung in V
U_2 Ausgangsspannung in V
A_p Leistungsdämpfungsmaß in dB
P_1 aufgenommene Leistung in W
P_2 abgegebene Leistung in W
G_u Spannungsverstärkungsmaß in dB
G_p Leistungsverstärkungsmaß in dB
A_{ges} Gesamtdämpfungsmaß
A_1, A_2, A_3 Einzeldämpfungsmaße

$$A_u = 20 \cdot \lg \frac{U_1}{U_2} \qquad A_p = 10 \cdot \lg \frac{P_1}{P_2}$$

$$G_u = 20 \cdot \lg \frac{U_2}{U_1} \qquad G_p = 10 \cdot \lg \frac{P_2}{P_1}$$

$$A_{ges} = A_1 + A_2 + A_3 + \ldots$$

Pegel

absoluter Pegel:
P_0 = 1 mW an 600 Ω
≙ U_0 = 0,775 V

für Antennen:
U_0 = 1 μV an 75 Ω

L_u Spannungspegel in dBμV
U Spannung in μV
U_0 Bezugsspannung
L_p Leistungspegel in dBmW
P Leistung in mW
P_0 Bezugsleistung 1 mW

$$L_u = 20 \cdot \lg \frac{U}{U_0}$$

$$L_p = 10 \cdot \lg \frac{P}{P_0}$$

11.4.5 Pegelrechnung

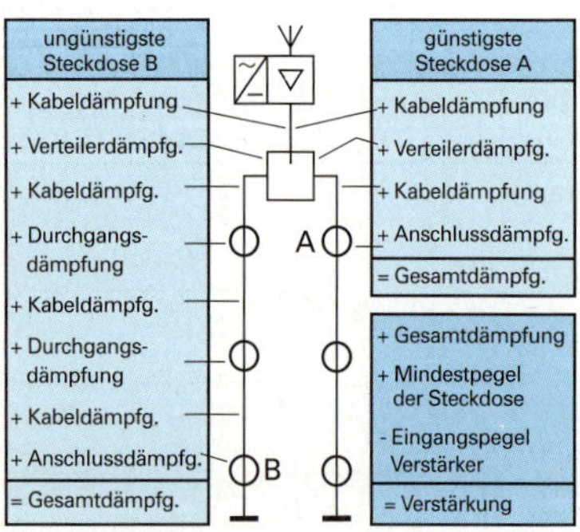

A_{ges} Gesamtdämpfung in dB
A_K Kabeldämpfung in dB
A_V Verteilerdämpfung in dB
A_A Anschlussdämpfung in dB
A_D Durchgangsdämpfung in dB
V_{min} Mindestverstärkung des Antennen-Verstärkers in dB
L_{min} Mindestpegel der Antennensteckdose in dBμV
L_e Eingangspegel des Antennenverstärkers in dBμV

$$A_{ges} = A_K + A_V + A_A + A_D$$

$$V_{min} = A_{ges} + L_{min} - L_e$$

11.4.6 Spannungs- und Pegelwerte (bei der Bezugsspannung U_0 = 1μV)

Pegel in dbμV	0	1	2	3	4	7	10	15	20	30	50	70	100
Spannung in μV	1	1,12	1,26	1,41	1,59	2,24	3,16	5,62	10	31,62	316	3162	10^5

12 Digitaltechnik

12.1 Grundfunktionen

Schaltzeichen | Wertetabelle | Zeitablaufdiagramm | Funktionsgleichung

UND-Verknüpfung (Konjunktion)

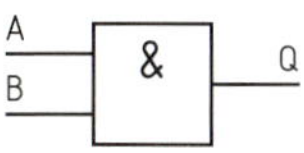

B	A	Q
0	0	0
0	1	0
1	0	0
1	1	1

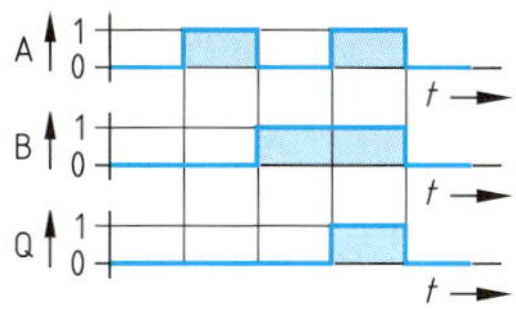

$$A \wedge B = Q$$

ODER-Verknüpfung (Disjunktion)

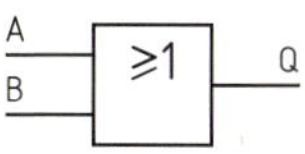

B	A	Q
0	0	0
0	1	1
1	0	1
1	1	1

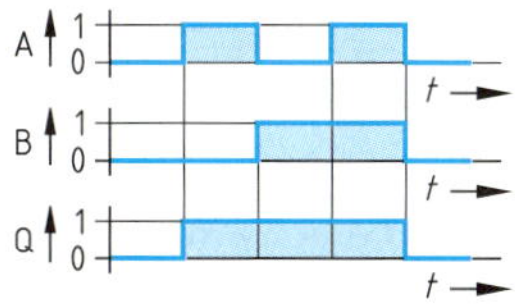

$$A \vee B = Q$$

NICHT-Verknüpfung (Negation)

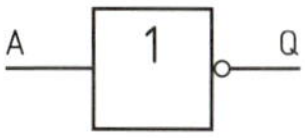

A	Q
0	1
1	0

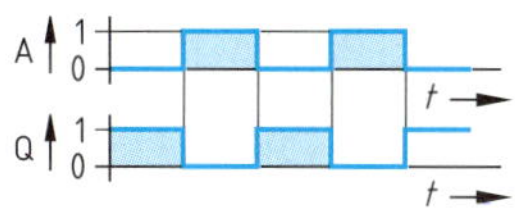

$$A = \overline{Q}$$

12.2 Zusammengesetzte Funktionen

NAND-Verknüpfung

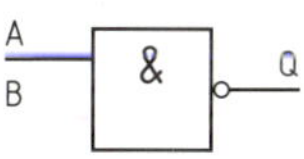

B	A	Q
0	0	1
0	1	1
1	0	1
1	1	0

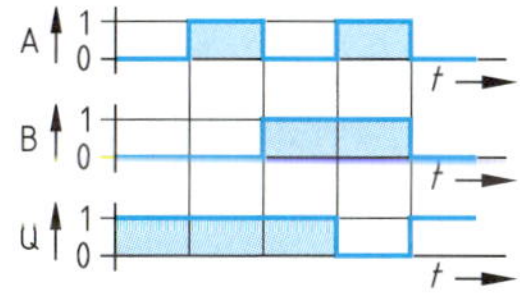

$$\overline{A \wedge B} = Q$$

NOR-Verknüpfung

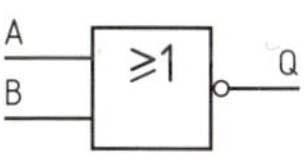

B	A	Q
0	0	1
0	1	0
1	0	0
1	1	0

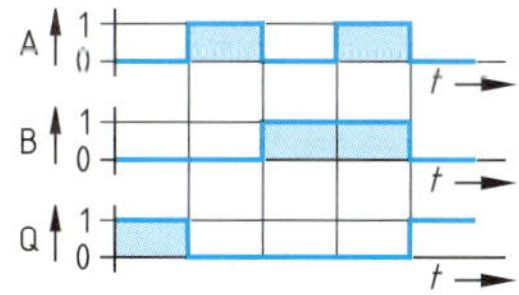

$$\overline{A \vee B} = Q$$

12.3 Spezielle zusammengesetzte Funktionen

EXCLUSIV-ODER-Verknüpfung (Antivalenz, XOR)

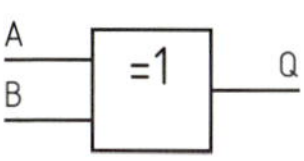

B	A	Q
0	0	0
0	1	1
1	0	1
1	1	0

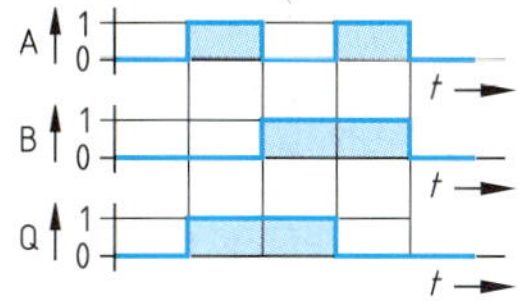

$$(A \wedge \overline{B}) \vee (\overline{A} \wedge B) = Q$$

ÄQUIVALENZ-Verknüpfung

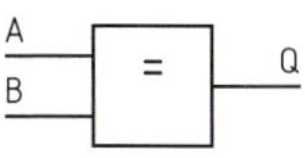

B	A	Q
0	0	1
0	1	0
1	0	0
1	1	1

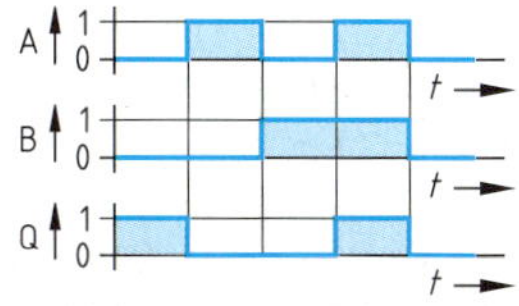

$$(A \wedge B) \vee (\overline{A} \wedge \overline{B}) = Q$$

Schaltzeichen	Wertetabelle	Zeitablaufdiagramm	Funktionsgleichung

INHIBIT-Verknüpfung

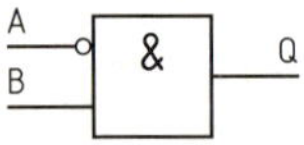

B	A	Q
0	0	0
0	1	0
1	0	1
1	1	0

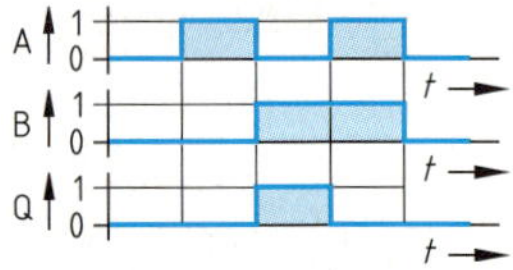

$\overline{A} \wedge B = Q$

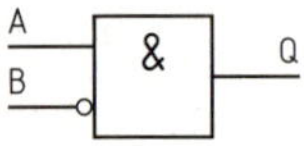

B	A	Q
0	0	0
0	1	1
1	0	0
1	1	0

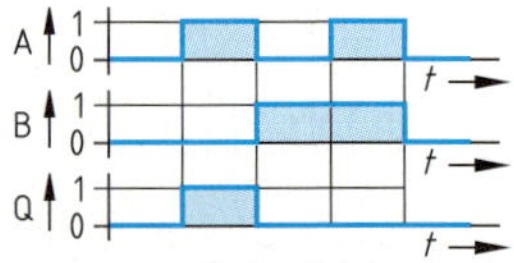

$A \wedge \overline{B} = Q$

IMPLIKATION-Verknüpfung

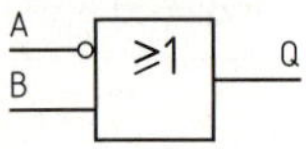

B	A	Q
0	0	1
0	1	0
1	0	1
1	1	1

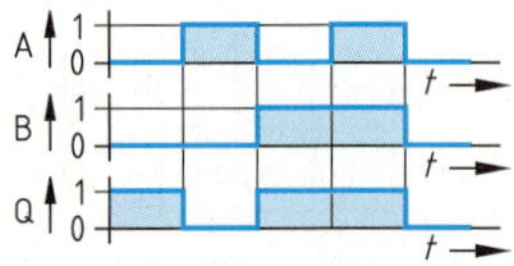

$\overline{A} \vee B = Q$

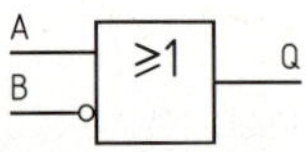

B	A	Q
0	0	1
0	1	1
1	0	0
1	1	1

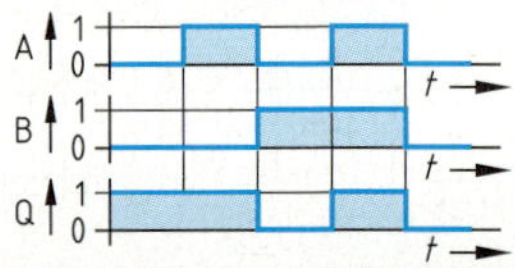

$A \vee \overline{B} = Q$

12.4 Rechengesetze der Schaltalgebra

Reihenfolge der Rechenoperationen bei Gleichungen der Schaltalgebra:

1. NICHT-Verknüpfung
2. UND -Verknüpfung
3. ODER-Verknüpfung

Verknüpfungszeichen der Schaltalgebra:

Operation	NICHT	UND	ODER
Schaltalgebra	–	•	+
Aussagelogik	–	∧	∨

Rechenregeln für eine Variable:

NICHT	UND	ODER
$\overline{A} = Q$	$A \wedge 0 = 0$	$A \vee 0 = A$
$\overline{\overline{A}} = A = \overline{Q}$	$A \wedge 1 = A$	$A \vee 1 = 1$
$\overline{\overline{\overline{A}}} = \overline{A} = Q$	$A \wedge A = A$	$A \vee A = A$
$\overline{\overline{\overline{\overline{A}}}} = A = \overline{Q}$	$A \wedge \overline{A} = 0$	$A \vee \overline{A} = 1$
	$\overline{A} \wedge A = 0$	$\overline{A} \vee A = 1$

De Morgansche Gesetze

$$\overline{A \wedge B} = \overline{A} \vee \overline{B} \qquad A \wedge B = \overline{\overline{A} \vee \overline{B}}$$

$$\overline{A \vee B} = \overline{A} \wedge \overline{B} \qquad A \vee B = \overline{\overline{A} \wedge \overline{B}}$$

Distributivgesetz (Verteilungsgesetz)

$$(A \wedge B) \vee (A \wedge C) = A \wedge (B \vee C)$$

$$(A \vee B) \wedge (A \vee C) = A \vee (B \wedge C)$$

Kommutativgesetz (Vertauschungsgesetz)

$$A \wedge B = B \wedge A$$
$$A \vee B = B \vee A$$

Assoziativgesetz (Verbindungsgesetz)

$$A \wedge B \wedge C = (A \wedge B) \wedge C = A \wedge (B \wedge C) = (A \wedge C) \wedge B$$
$$A \vee B \vee C = (A \vee B) \vee C = A \vee (B \vee C) = (A \vee C) \vee B$$

Vereinfachung von schaltalgebraischen Ausdrücken

$$A \vee (A \wedge B) = A \wedge (1 \vee B) = A \wedge 1 = A$$
$$A \wedge (A \vee B) = (A \wedge A) \vee (A \wedge B) = A \vee (A \wedge B) = A$$
$$A \vee (\overline{A} \wedge B) = (A \vee \overline{A}) \wedge (A \vee B) = 1 \wedge (A \vee B) = A \vee B$$
$$A \wedge (\overline{A} \vee B) = (A \wedge \overline{A}) \vee (A \wedge B) = 0 \vee (A \wedge B) = A \wedge B$$
$$(A \wedge B) \vee (A \wedge \overline{B}) = A \wedge (B \vee \overline{B}) = A \wedge 1 = A$$
$$(A \vee B) \wedge (A \vee \overline{B}) = A \wedge (B \vee \overline{B}) = A \wedge 1 = A$$

13 Elektronik

13.1 Halbleiterdioden

Kennlinie

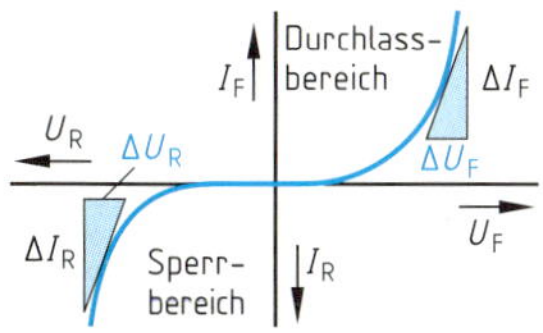

U_F Durchlassspannung
U_R Sperrspannung
I_F Durchlassstrom
I_R Sperrstrom
R_F statischer Durchlasswiderstand
R_R statischer Sperrwiderstand
r_F differenzieller Durchlass-widerstand
r_R differenzieller Sperrwiderstand

$$R_F = \frac{U_F}{I_F} \qquad r_F = \frac{\Delta U_F}{\Delta I_F}$$

$$R_R = \frac{U_R}{I_R} \qquad r_R = \frac{\Delta U_R}{\Delta I_R}$$

Diodenschaltung* (Leuchtdioden, LED)

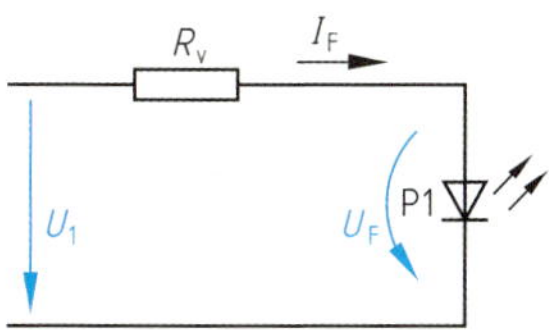

U_1 Anschlussspannung
U_F Durchlassspannung
U_R Sperrspannung
I_F Durchlassstrom
I_R Sperrstrom
R_v Vorwiderstand
P_{tot} max. zul. Verlustleistung

Der Index max gibt den jeweiligen Höchstwert an.

$$R_v = \frac{U_1 - U_F}{I_F}$$

$$P_{tot} = I_{F\,max} \cdot U_{F\,max}$$

$$U_{R\,max} \geq U_{1\,max}$$

* Gleichrichterschaltungen siehe Seite 48

13.2 Bipolarer Transistor

Gleichstromgrößen in Ermittlerschaltung

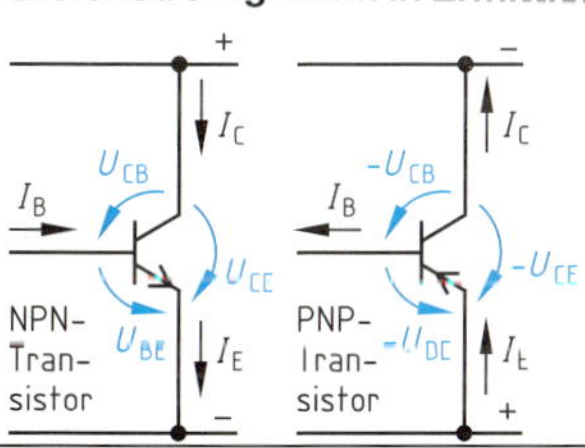

U_{CE} Kollektor-Emitter-Spannung
U_{BE} Basis-Emitter-Spannung
U_{BC} Basis-Kollektor-Spannung
I_C Kollektorstrom
I_E Emitterstrom
I_B Basisstrom
P_{tot} max. zul. Verlustleistung
P_v Verlustleistung
B Gleichstromverhältnis (Verstärkung)

$$U_{CE} = U_{CB} + U_{BE}$$
$$I_E = I_C + I_B$$
$$P_v = U_{CE} \cdot I_C$$
$$P_v < P_{tot}$$
$$B = \frac{I_C}{I_B}$$

Arbeitspunkteinstellung durch Basisvorwiderstand

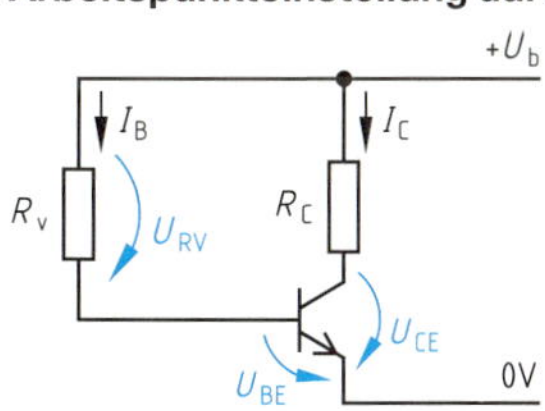

U_{Rv} Spannung am Basisvorwiderst.
U_b Betriebsspannung
U_{BE} Basis-Emitter-Spannung
U_{CE} Kollektor-Emitter-Spannung
I_B Basisstrom
I_C Kollektorstrom
R_C Kollektorwiderstand
R_v Basisvorwiderstand
B Gleichstromverhältnis

$$U_{Rv} = U_b - U_{BE}$$
$$U_{Rv} = I_B \cdot R_v$$
$$R_v = \frac{U_b - U_{BE}}{I_B}$$
$$R_v = \frac{(U_b - U_{BE}) \cdot B}{I_C}$$
$$R_C = \frac{U_b - U_{CE}}{I_C}$$

Arbeitspunkteinstellung durch Basisspannungsteiler

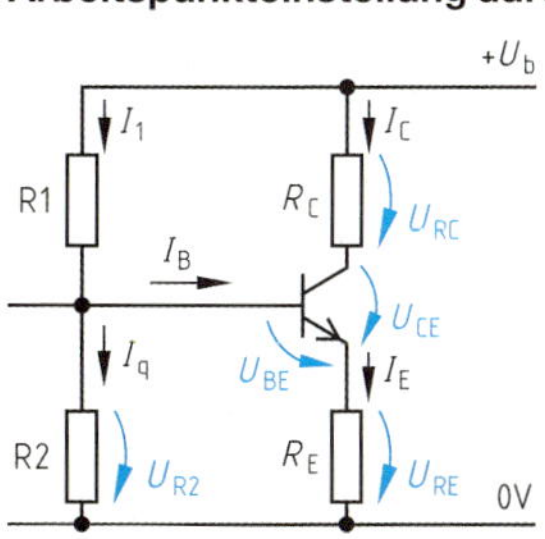

I_B Basisstrom
I_C Kollektorstrom
I_q Querstrom
q Querstromverhältnis (q = 3 bis 10)
R_C Kollektorwiderstand
R_E Emitterwiderstand
R_1, R_2 Basisspannungsteiler-widerstände
U_b Betriebsspannung
U_{RE} Spannung an R_E
U_{R2} Spannung an R2
m Widerstandsverhältnis (m = 5 bis 10)

$$R_2 = \frac{U_{R2}}{I_q} \qquad q = \frac{I_q}{I_B}$$

$$R_E = \frac{R_C}{m} \qquad R_E \approx \frac{U_{RE}}{I_C}$$

$$R_1 = \frac{U_b - U_{R2}}{I_B + I_q}$$

$$R_C = \frac{U_b - U_{CE} - U_{RE}}{I_C}$$

Verstärker in Emitterschaltung

Wechselstromersatzschaltung

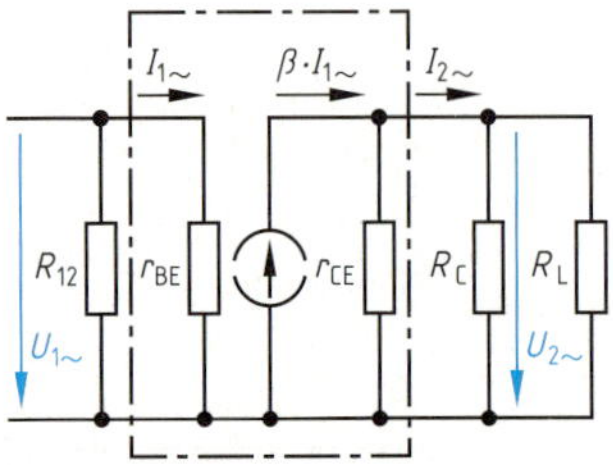

Koppelkondensatoren

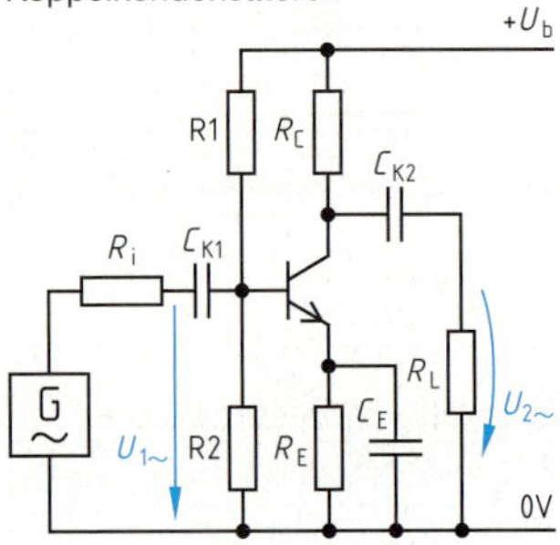

R_C	Kollektorwiderstand
R_L	Lastwiderstand der Stufe
R_{12}	Ersatzwiderstand des Spannungsteilers
R_1, R_2	Spannungsteilerwiderstände
Z_L	Gesamtlastwiderstand des Transistors
Z_e	Wechselstrom-Eingangswiderstand der Stufe
Z_a	Wechselstrom-Ausgangswiderstand der Stufe
r_{BE}	Eingangswiderstand des Transistors (h_{11e})
r_{CE}	Ausgangswiderstand des Transistors ($1/h_{22e}$)
V_u	Spannungsverstärkungsfaktor
V_i	Stromverstärkungsfaktor
V_p	Leistungsverstärkungsfaktor
β	Kurzschluss-Stromverstärkungsfaktor (h_{21e})
$U_{1\sim}$	Eingangswechselspg.
$U_{2\sim}$	Ausgangswechselspg.
$I_{1\sim}$	Eingangswechselstrom
$I_{2\sim}$	Ausgangswechselstrom
f_{ct}	untere Grenzfrequenz der Verstärkerschaltung
f_c	Grenzfrequenz des einzelnen Hochpasses
n	Anzahl der Hochpässe
C_E	Emitterkondensator
C_{K1}	Eingangskondensator
C_{K2}	Ausgangskondensator

$$Z_L = \frac{R_C \cdot R_L}{R_C + R_L}$$

Bei $R_L = \infty$ ist $Z_L = R_C$

$$V_i = \frac{I_{2\sim}}{I_{1\sim}} \qquad V_i = \beta \cdot \frac{r_{CE}}{r_{CE} + Z_L}$$

$$V_u = \frac{U_{2\sim}}{U_{1\sim}} \qquad V_u = \frac{\beta \cdot r_{CE} \cdot Z_L}{r_{BE} \cdot (r_{CE} + Z_L)}$$

$$V_u = V_i \cdot \frac{Z_L}{r_{BE}} \qquad V_p = V_i \cdot V_u$$

$$R_{12} = \frac{R_1 \cdot R_2}{R_1 + R_2}$$

$$Z_e = \frac{R_{12} \cdot r_{BE}}{R_{12} + r_{BE}} \qquad Z_a = \frac{r_{CE} \cdot R_C}{r_{CE} + R_C}$$

$$f_{ct} \approx \sqrt{n \cdot f_c}$$

$$C_{K1} = \frac{1}{2 \cdot \pi \cdot f_{ct} \cdot (R_i + Z_e)}$$

$$C_E = \frac{\beta}{2 \cdot \pi \cdot f_{ct} \cdot (r_{BE} + R_i)}$$

$$C_{K2} = \frac{1}{2 \cdot \pi \cdot f_{ct} \cdot (Z_a + R_L)}$$

13.3 Feldeffekttransistor in Sourceschaltung

Gleichstromgrößen

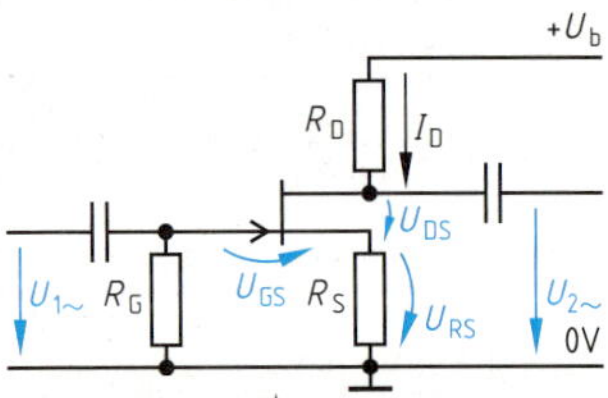

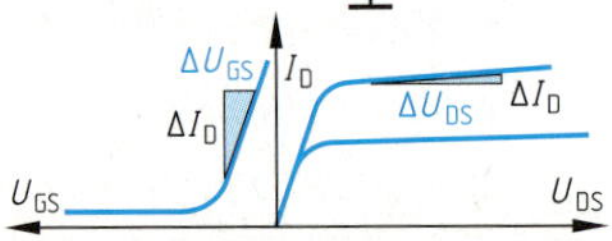

P_v	Verlustleistung
U_{GS}	Gate-Source-Spannung
U_b	Betriebsspannung
I_D	Drainstrom
I_{GSS}	Gate-Source-Reststrom
R_D	Drainwiderstand
R_S	Sourcewiderstand
R_G	Gatewiderstand
S	Steilheit
ΔI_D	Drainstromänderung
ΔU_{GS}	Gate-Source-Spannungsänderung
ΔU_{DS}	Drain-Source-Spannungsänderung
r_{DS}	Drain-Source-Wechselstromwiderst.

$$P_v = U_{DS} \cdot I_D$$

$$R_D = \frac{U_b - U_{DS} - U_{RS}}{I_D}$$

$$R_S = \frac{U_{RS}}{I_D} \qquad U_{RS} = -U_{GS}$$

$$R_G = \frac{0{,}5\,V}{I_{GSS}}$$

U_{DS} konstant:

$$S = \frac{\Delta I_D}{\Delta U_{GS}}$$

U_{GS} konstant:

$$r_{DS} = \frac{\Delta U_{DS}}{\Delta I_D}$$

Verstärker in Sourceschaltung

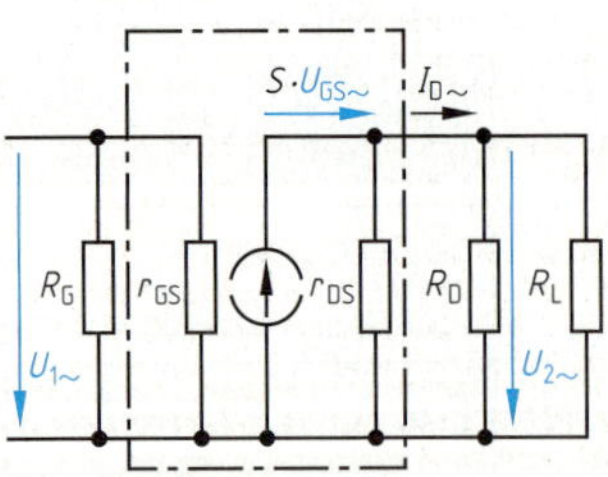

Z_L	Gesamtwiderstand
R_D	Drainwiderstand
R_L	Lastwiderstand der Verstärkerstufe
V_u	Spannungsverstärkungsfaktor
$U_{1\sim}$	Eingangswechselspannung $U_{GS\sim}$
$U_{2\sim}$	Ausgangswechselspannung
S	Steilheit
U_{GS}	Gate-Source-Spannung
r_{DS}	Drain-Source-Wechselstromwiderstand

$$Z_L = \frac{R_D \cdot R_L}{R_D + R_L}$$

$$V_u = \frac{U_{2\sim}}{U_{1\sim}} = \frac{U_{2\sim}}{U_{GS\sim}}$$

$$V_u = \frac{S \cdot r_{DS} \cdot Z_L}{r_{DS} + Z_L}$$

13.4 Transistor als Schalter

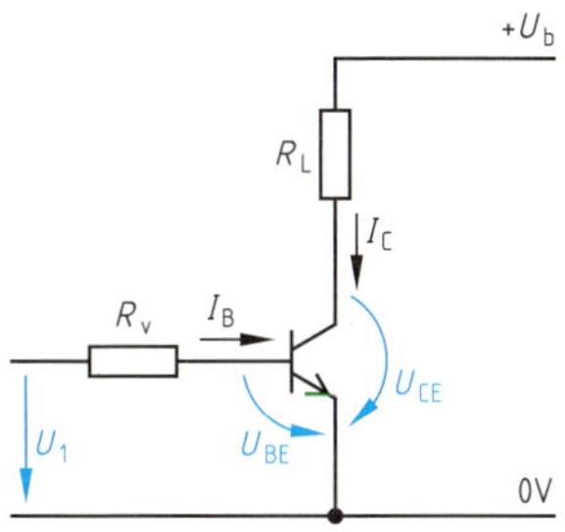

I_C	Kollektorstrom
I_B	Basisstrom
$I_{B\,min}$	minimaler Basisstrom
U_b	Betriebsspannung
U_1	Eingangsspannung
$U_{BE\,sat}$	Basis-Emitter-Sättigungsspannung
$U_{CE\,sat}$	Kollektor-Emitter-Sättigungsspannung
$ü$	Übersteuerungsfaktor (2 ... 5)
R_v	Basisvorwiderstand
R_L	Lastwiderstand
B_{min}	minimale Stromverstärkung

$$I_C = \frac{U_b - U_{CE\,sat}}{R_L}$$

$$I_{B\,min} = \frac{I_C}{B_{min}}$$

$$I_B = ü \cdot I_{B\,min}$$

$$I_B = \frac{ü \cdot I_C}{B_{min}}$$

$$R_v = \frac{(U_1 - U_{BE\,sat}) \cdot B_{min}}{ü \cdot I_C}$$

13.5 Kippschaltungen

Astabile Kippschaltung

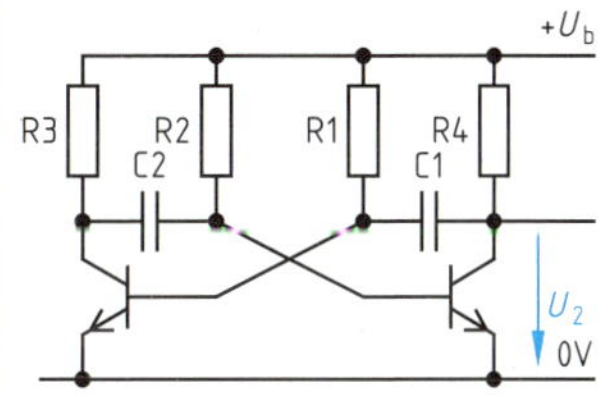

t_p	Pausendauer
t_i	Impulsdauer
R_1, R_2	Basisvorwiderstände
C_1, C_2	Kapazität der Rückkopplungskondensatoren
T	Pulsperiodendauer
g	Tastgrad
f	Taktfrequenz

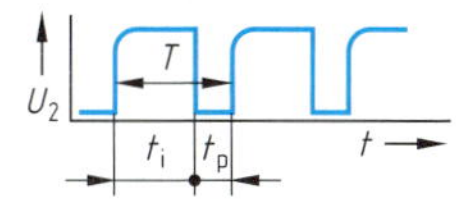

Schaltung mit Transistoren

$$t_p = 0{,}69 \cdot R_1 \cdot C_1$$

$$t_i = 0{,}69 \cdot R_2 \cdot C_2$$

$$T = t_p + t_i \qquad g = \frac{t_i}{T}$$

$$f = \frac{1}{0{,}69 \cdot (R_1 \cdot C_1 + R_2 \cdot C_2)}$$

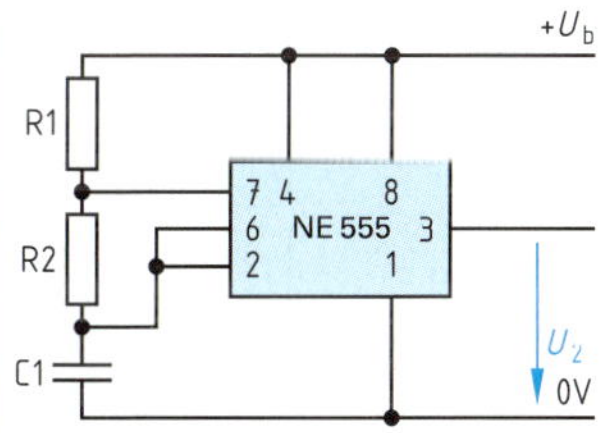

R_1, R_2	Ladewiderstände
C_1	Ladekondensator
t_i	Impulsdauer
t_p	Pausendauer

Schaltung mit NE 555

$$t_i = 0{,}69 \cdot (R_1 + R_2) \cdot C_1$$

$$t_p = 0{,}69 \cdot R_2 \cdot C_1$$

$$T = 0{,}69 \cdot (R_1 + 2 \cdot R_2) \cdot C_1$$

Monostabile Kippschaltung

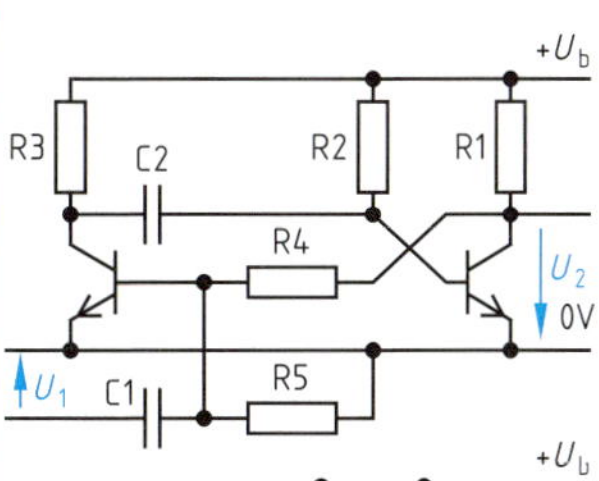

t_i	Impulsdauer
t_p	Pausendauer
R_2	Ladewiderstand für Impulsdauer
R_3	Ladewiderstand für Pausendauer
C_2	Kapazität des Ladekondensators

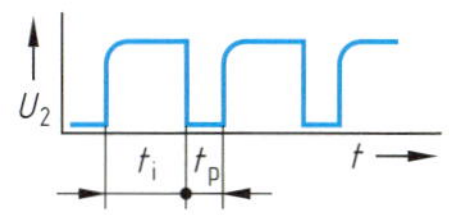

Schaltung mit Transistoren

$$t_i = 0{,}69 \cdot R_2 \cdot C_2$$

$$t_p \geq 5 \cdot R_3 \cdot C_2$$

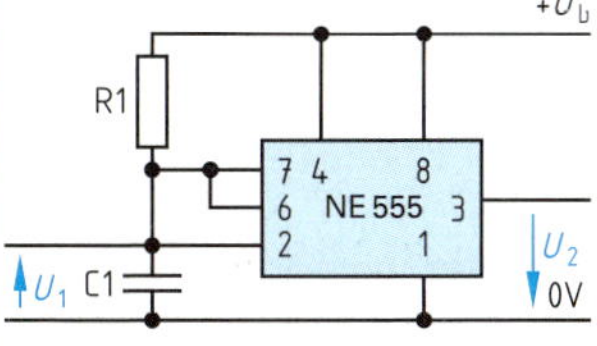

R_1	Ladewiderstand
C_1	Ladekondensator
t_i	Impulsdauer

Schaltung mit NE 555

$$t_i = 1{,}1 \cdot R_1 \cdot C_1$$

Schmitt-Trigger

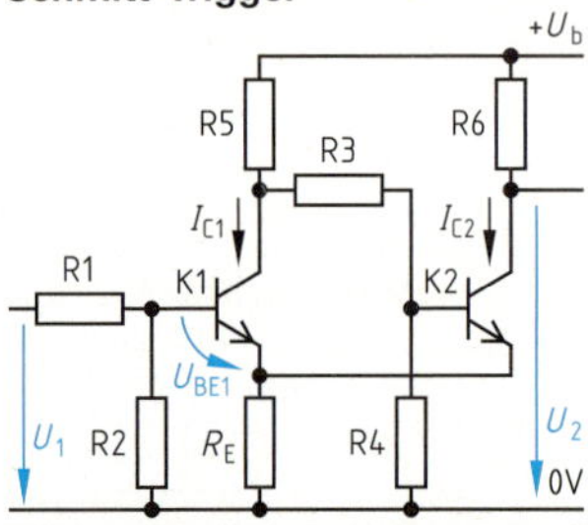

U_{1e}	Einschaltspannung
U_{1a}	Ausschaltspannung
ΔU_1	Schaltdifferenz (Hysterese)
U_{BE1}	Basis-Emitter-Spannung des Transistors K1
I_{C1}	Kollektorstrom des Transistors K1
I_{C2}	Kollektorstrom des Transistors K2
R_E	Emitterwiderstand

$$U_{1e} = I_{C2} \cdot R_E + U_{BE1}$$

$$U_{1a} = I_{C1} \cdot R_E + U_{BE1}$$

$$\Delta U_1 = U_{1e} - U_{1a}$$

$$\Delta U_1 = (I_{C2} - I_{C1}) \cdot R_E$$

NAND-Schmitt-Trigger SN 7414

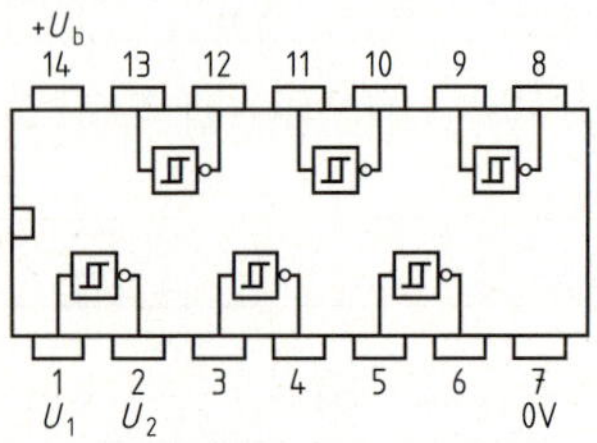

ΔU_1	Schaltdifferenz (Hysterese)
U_b	Betriebsspannung (5 V)
U_{1e}	Einschaltspannung
U_{1a}	Ausschaltspannung
U_{2H}	Ausgangsspannung (3,4 V) wenn $U_1 \leq U_{1a}$ (1,7 V)
U_{2L}	Ausgangsspannung (0,2 V) wenn $U_1 \geq U_{1e}$ (0,9 V)

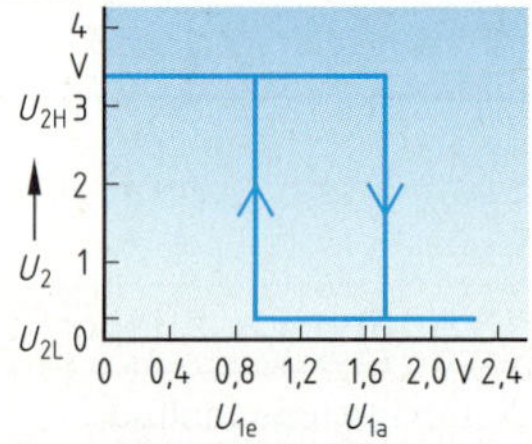

$$\Delta U_1 = U_{1e} - U_{1a}$$

13.6 Gleichrichterschaltungen

Gleichrichterschaltungen für Wechselstrom

Einpuls-Einwegschaltung (E1U)

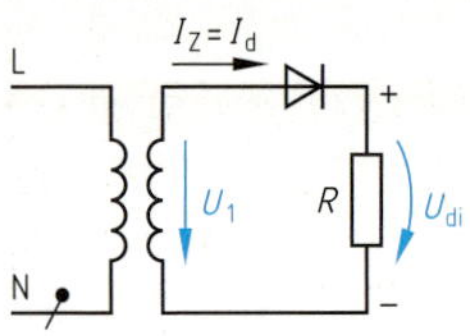

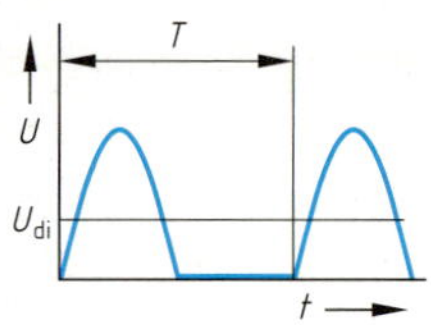

U_1	Anschlussspannung
U_{di}	ideelle Leerlauf-Gleichspannung
I_d	Gleichstrom
I_Z	Strom im Gleichrichterzweig
P_T	Transformator-Bauleistung
P_d	Gleichstromleistung

$$\frac{U_{di}}{U_1} = 0{,}45$$

$$\frac{P_T}{P_d} = 3{,}1$$

$$\frac{I_Z}{I_d} = 1$$

Zweipuls-Mittelpunktschaltung (M2U)

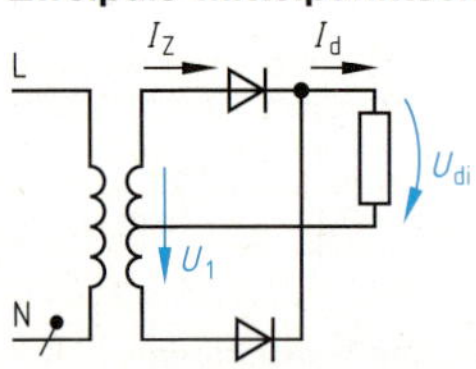

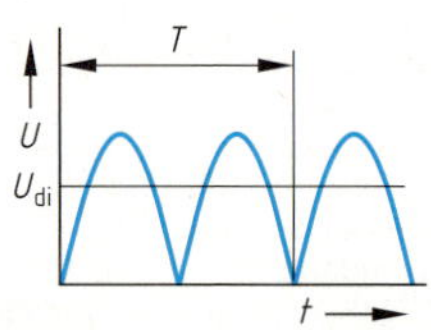

U_1	Anschlussspannung
U_{di}	ideelle Leerlauf-Gleichspannung
I_d	Gleichstrom
I_Z	Strom im Gleichrichterzweig
P_T	Transformator-Bauleistung
P_d	Gleichstromleistung

$$\frac{U_{di}}{U_1} = 0{,}45$$

$$\frac{P_T}{P_d} = 1{,}5$$

$$\frac{I_Z}{I_d} = \frac{1}{2}$$

Zweipuls-Brückenschaltung (B2U)

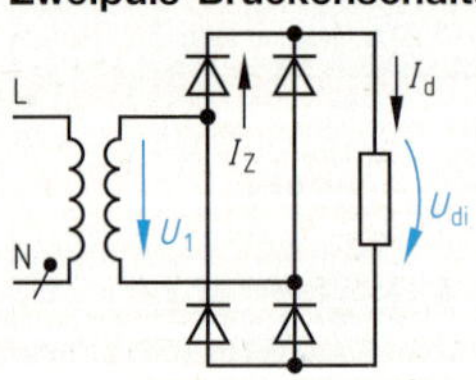

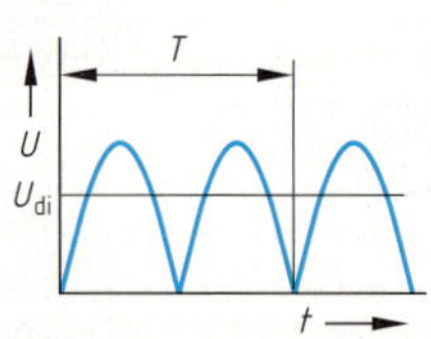

U_1	Anschlussspannung
U_{di}	ideelle Leerlauf-Gleichspannung
I_d	Gleichstrom
I_Z	Strom im Gleichrichterzweig
P_T	Transformator-Bauleistung
P_d	Gleichstromleistung

$$\frac{U_{di}}{U_1} = 0{,}9$$

$$\frac{P_T}{P_d} = 1{,}23$$

$$\frac{I_Z}{I_d} = \frac{1}{2}$$

Gleichrichterschaltungen für Drehstrom

Dreipuls-Mittelpunktschaltung M3U

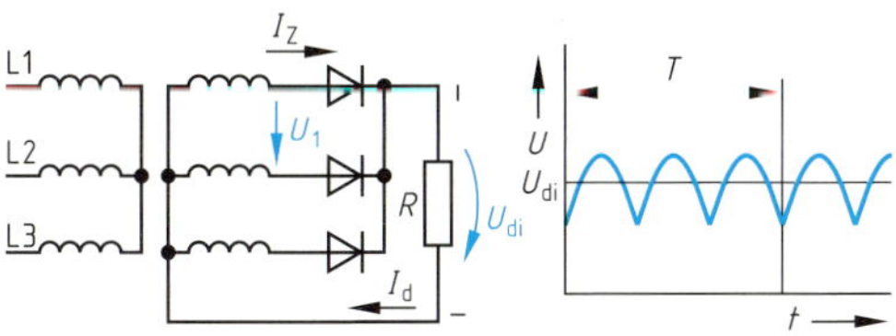

U_1	Anschlussspannung
U_{di}	ideelle Leerlauf-Gleichspannung
I_d	Gleichstrom
I_Z	Strom im Gleichrichterzweig
P_T	Transformator-Bauleistung
P_d	Gleichstromleistung

$$\frac{U_{di}}{U_1} = 0{,}675$$

$$\frac{P_T}{P_d} = 1{,}5$$

$$\frac{I_Z}{I_d} = \frac{1}{3}$$

Doppel-Dreipuls-Mittelpunktschaltung M3U2P

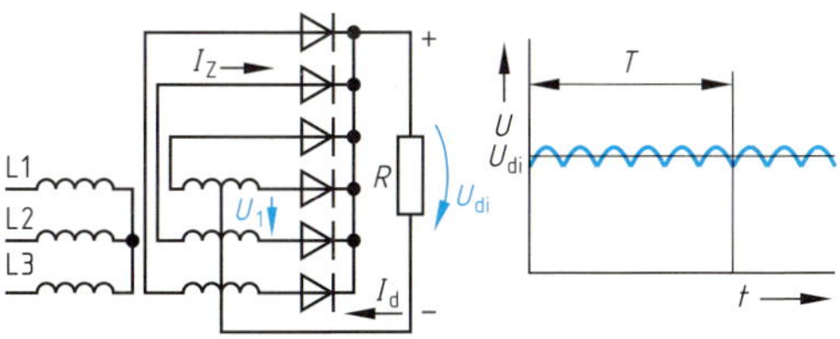

U_1	Anschlussspannung
U_{di}	ideelle Leerlauf-Gleichspannung
I_d	Gleichstrom
I_Z	Strom im Gleichrichterzweig
P_T	Transformator-Bauleistung
P_d	Gleichstromleistung

$$\frac{U_{di}}{U_1} = 0{,}58$$

$$\frac{P_T}{P_d} = 1{,}3$$

$$\frac{I_Z}{I_d} = \frac{1}{3}$$

Sechspuls-Brückenschaltung B6U

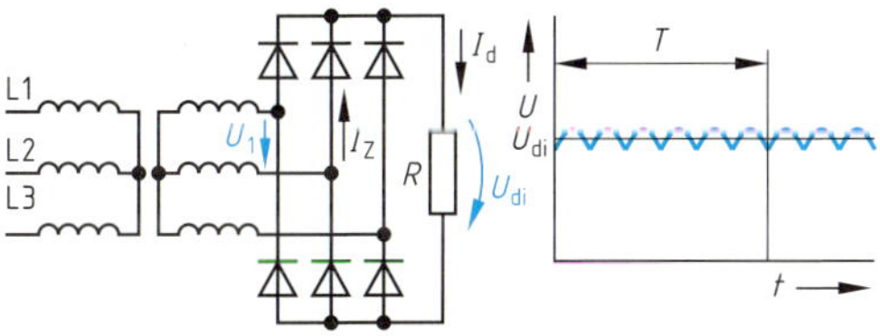

U_1	Anschlussspannung
U_{di}	ideelle Leerlauf-Gleichspannung
I_d	Gleichstrom
I_Z	Strom im Gleichrichterzweig
P_T	Transformator-Bauleistung
P_d	Gleichstromleistung

$$\frac{U_{di}}{U_1} = 1{,}35$$

$$\frac{P_T}{P_d} = 1{,}1$$

$$\frac{I_Z}{I_d} = \frac{1}{3}$$

13.7 Glättung und Siebung

Glättung der gleichgerichteten Spannung

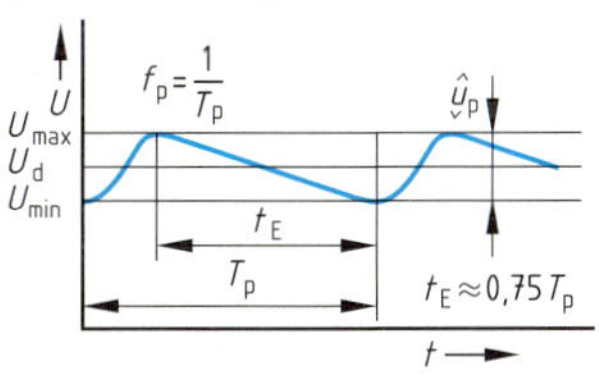

U_p	Brummspannung (Effektivwert)
$\hat{u}_p$	Brummspannung (Spitze-Tal)
f_p	Brummfrequenz (Pulsfrequenz)
f	Netzfrequenz
z_p	Pulszahl je Periode
T_p	Periodendauer von U_p
I_d	Laststrom
C_G	Glättungskapazität

$$U_p = \frac{\hat{u}_p}{2 \cdot \sqrt{3}}$$

$$f_p = f \cdot z_p \qquad T_p = \frac{1}{f_p}$$

$$\hat{u}_p = \frac{0{,}75 \cdot I_d}{f_p \cdot C_G}$$

RC-Siebung

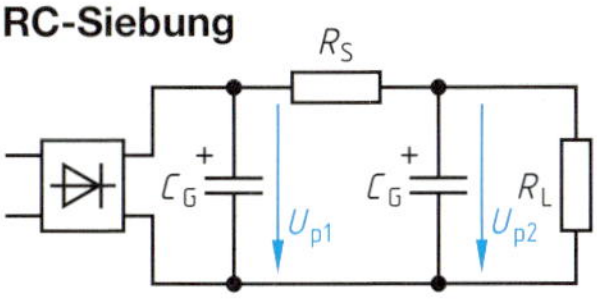

LC-Siebung

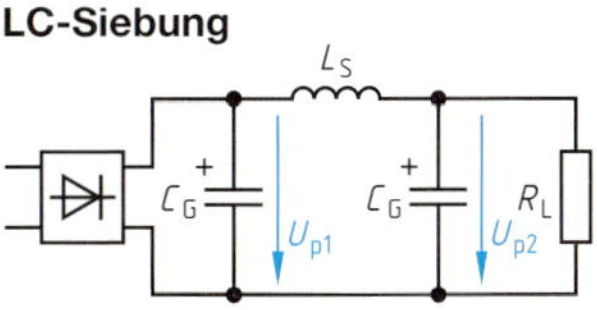

f_p	Brummfrequenz (Pulsfrequenz)
f	Wechselspannungsfrequenz
z_p	Pulszahl pro Periode
ω_p	Pulskreisfrequenz
s	Siebfaktor
U_{p1}	Brummspannung an C_G
U_{p2}	Brummspannung an C_S
R_s	Siebwiderstand
C_s	Kapazität des Siebkondensators
L_s	Siebinduktivität (Siebdrossel)

$$f_p = f \cdot z_p \qquad \omega_p = 2 \cdot \pi \cdot f_p$$

RC-Siebung

$$s = \frac{U_{p1}}{U_{p2}} \qquad s = \omega_p \cdot R_s \cdot C_s$$

LC-Siebung

$$s = \frac{U_{p1}}{U_{p2}} \qquad s = \omega_p^2 \cdot L_s \cdot C_s$$

13.8 Spannungsstabilisierung

Spannungsstabilisierung mit Begrenzerdiode (Z-Diode)

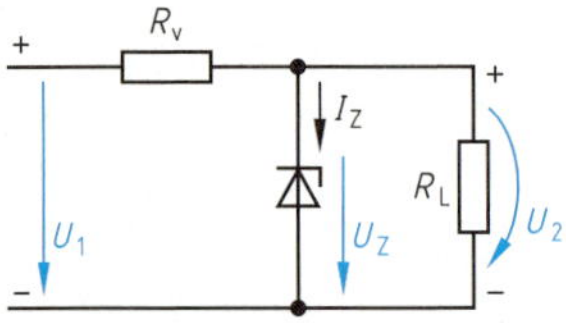

P_{tot}	Verlustleistung
U_1	Eingangsspannung
U_Z	Ausgangsspannung (Z-Spannung)
I_Z	Z-Strom
I_L	Laststrom
R_V	Vorwiderstand

$$P_{tot} = U_Z \cdot I_{Z\,max}$$

$$R_{v\,max} = \frac{U_{1\,min} - U_Z}{I_{Z\,min} + I_{L\,max}}$$

$$R_{v\,min} = \frac{U_{1\,max} - U_Z}{I_{Z\,max} + I_{L\,min}}$$

$$I_{Z\,min} \approx 0{,}1 \cdot I_{Z\,max}$$

Spannungsstabilisierung mit Reihentransistor

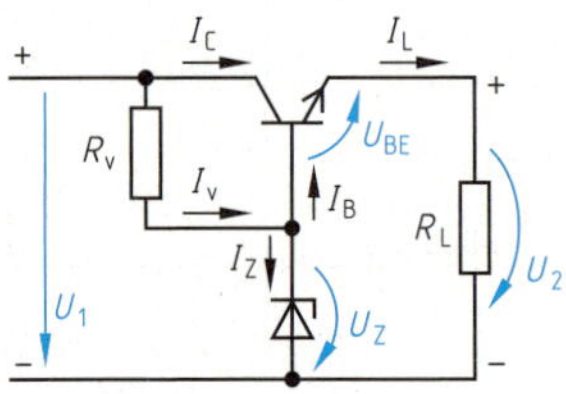

U_1	Eingangsspannung
U_2	Ausgangsspannung
U_{BE}	Basis-Emitter-Spannung
U_{CE}	Kollektor-Emitter-Spannung
U_Z	Z-Spannung
I_C	Kollektorstrom
I_L	Laststrom
I_Z	Z-Strom
I_B	Basisstrom
R_v	Vorwiderstand
R_L	Lastwiderstand
B	Stromverstärkungsfaktor
P_v	Verlustleistung (Transistor)

$$U_2 = U_Z - U_{BE} \qquad I_L = B \cdot I_B$$

$$R_{L\,min} = \frac{U_2}{I_{C\,max}}$$

$$R_v = \frac{U_1 - U_Z}{I_Z + I_B}$$

$$P_v = U_{CE} \cdot I_C$$

$$U_{1\,max} = R_v \cdot (I_{Z\,max} + I_{B\,max}) + U_Z$$

Spannungsstabilisierung mit LM 317

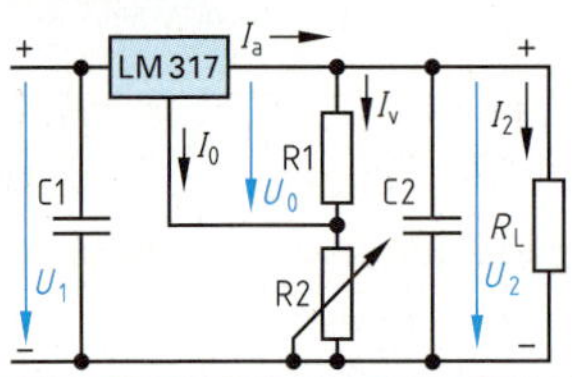

U_0	Referenzspannung (1,25 V)
U_1	Eingangsspannung
U_2	Ausgangsspannung
R_1, R_2	Spannungsteilerwiderstände (R_1 = 240 Ω)
I_a	Ausgangsstrom
I_0	Referenzstrom
I_2	Laststrom
I_v	Vorstrom (≥ 5 mA)

$$U_2 = U_0 + \frac{R_2 \cdot U_0}{R_1} + I_0 \cdot R_2$$

$$R_2 = \frac{U_2 - U_0}{\frac{U_0}{R_1} + I_0}$$

$$I_2 = I_a - I_v$$

Ausgangsspannungs-Restschwankung

S	Stabilisierungsfaktor
G	Glättungsfaktor
U_1	Eingangsspannung
U_2	Ausgangsspannung
ΔU_1	Eingangsspannungsschwankung
ΔU_2	Ausgangsspannungs-Restschwankung
R_v	Vorwiderstand
r_z	Widerstand der Z-Diode

$$S = \frac{\Delta U_1 \cdot U_2}{\Delta U_2 \cdot U_1} \qquad S = \frac{(R_v + r_z) \cdot U_2}{r_z \cdot U_1}$$

$$G = 1 + \frac{R_v}{r_z}$$

$$\Delta U_2 = \frac{\Delta U_1 \cdot r_z}{R_v + r_z}$$

13.9 Kühlung von elektronischen Halbleiterbauelementen

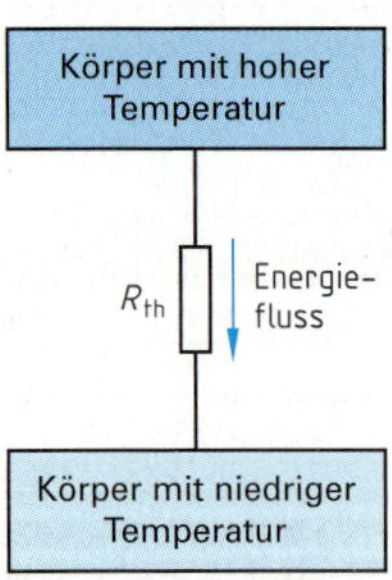

R_{th}	therm. Widerstand
G_{th}	therm. Leitwert, Wärmeleitwert
$\Delta\vartheta$	Temperaturänderung
P	Verlustleistung
R_{thG}	therm. Widerstand zwischen Sperrschicht und Gehäuse
$R_{thÜ}$	therm. Widerstand zwischen Gehäuse und Kühlkörper (Übergangs-Widerstand)
R_{thK}	therm. Widerstand zwischen Kühlkörper und Kühlmittel
ϑ_j	Sperrschichttemperatur
ϑ_U	Umgebungstemperatur

$$R_{th} = \frac{1}{G_{th}} \qquad R_{th} = \frac{\Delta\vartheta}{P_v}$$

$$R_{thK} \leq \frac{\vartheta_j - \vartheta_U}{P_v} - R_{thG} - R_{thÜ}$$

$\vartheta_j > \vartheta_U$

$$P_v = \frac{\vartheta_j - \vartheta_U}{R_{th}}$$

$$[R_{th}] = \frac{K}{W} \qquad [G_{th}] = \frac{W}{K}$$

13

Elektronik

13.10 Leistungselektronik

Gesteuerte Gleichrichter

Halbgesteuerte Zweipuls-Brückenschaltung (B2H)

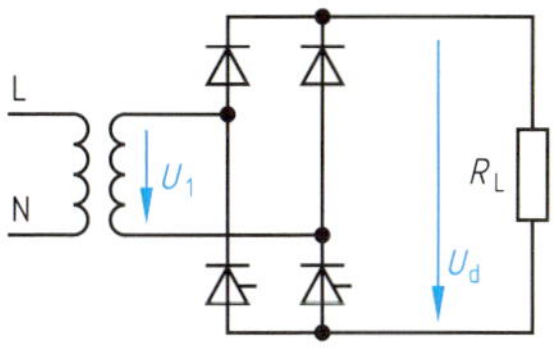

- α Zündwinkel
- $U_{d\alpha}$ Gleichspannung bei $\alpha \neq 0°$
- U_{d0} Gleichspannung bei $\alpha = 0°$
- U_1 Anschlussspannung (Effektivwert)

$$U_{d\alpha} = U_{d0} \cdot \frac{1 + \cos\alpha}{2}$$

$$U_{d0} = 0{,}9 \cdot U_1$$

Vollgesteuerte Sechspuls-Brückenschaltung (B6C)

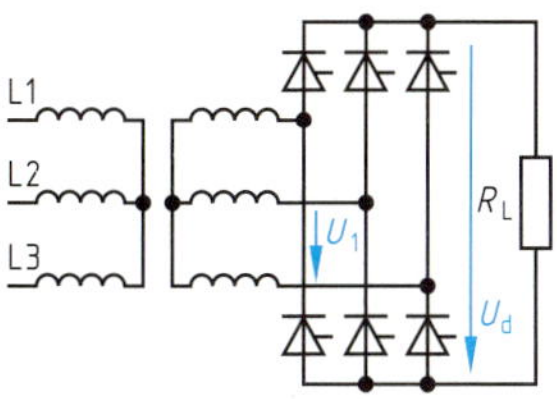

- α Zündwinkel
- $U_{d\alpha}$ Gleichspannung bei $\alpha \neq 0°$
- U_{d0} Gleichspannung bei $\alpha = 0°$
- U_1 Anschlussspannung (Effektivwert)

$$U_{d0} = 1{,}35 \cdot U_1$$

Bei $\alpha \leq 60°$:

$$U_{d\alpha} = U_{d0} \cdot \cos\alpha$$

Bei $60° < \alpha \leq 120°$:

$$U_{d\alpha} = U_{d0} \cdot [1 + \cos(\alpha + 60°)]$$

Vollgesteuerte Dreipuls-Mittelpunktschaltung (M3C)

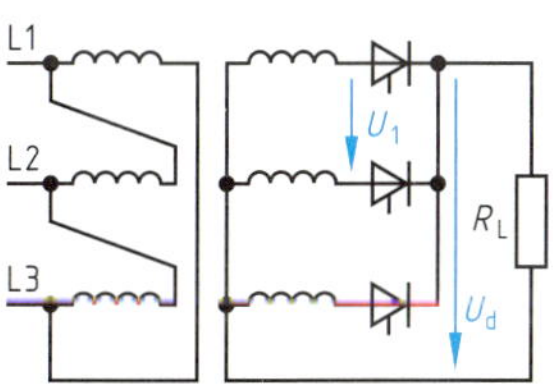

- α Zündwinkel
- $U_{d\alpha}$ Gleichspannung bei $\alpha \neq 0°$
- U_{d0} Gleichspannung bei $\alpha = 0°$
- U_1 Anschlussspannung (Effektivwert)

$$U_{d0} = 0{,}675 \cdot U_1$$

Bei $\alpha \leq 30°$:

$$U_{d\alpha} = U_{d0} \cdot \cos\alpha$$

Bei $30° < \alpha \leq 150°$:

$$U_{d\alpha} = U_{d0} \frac{1 + \cos(\alpha + 30°)}{\sqrt{3}}$$

$U_{d\alpha}$: arithmetischer Mittelwert der Gleichspannung bei Anschnittsteuerung

Wechselstromsteller mit Triac

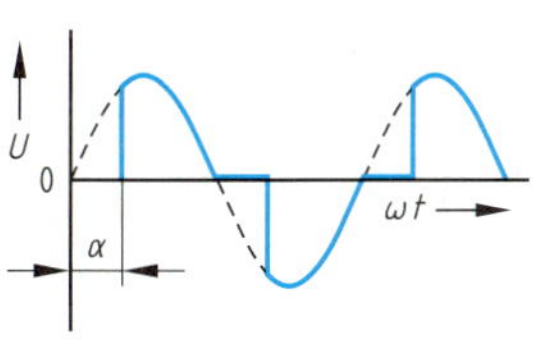

- U_α, I_α Effektivwert beim Zündwinkel $\alpha \neq 0°$
- U_0, I_0 Effektivwert beim Zündwinkel $\alpha = 0°$
- α Zündwinkel
- P_α Leistung beim Zündwinkel $\alpha \neq 0°$
- R Lastwiderstand

$$U_\alpha = U_0 \cdot \sqrt{1 - \frac{\alpha}{180°} + \frac{\sin(2\alpha)}{2\pi}}$$

$$I_\alpha = I_0 \cdot \sqrt{1 - \frac{\alpha}{180°} + \frac{\sin(2\alpha)}{2\pi}}$$

$$P_\alpha = U_\alpha \cdot I_\alpha$$

$$P_\alpha = \frac{U_\alpha^2}{R} = I_\alpha^2 \cdot R$$

Vielperiodensteuerung (Schwingungspaketsteuerung)

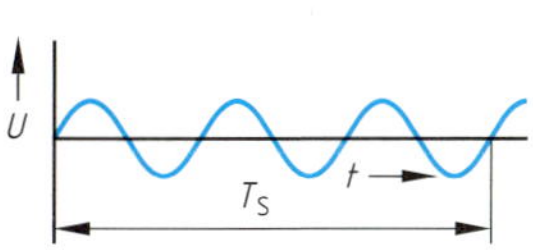

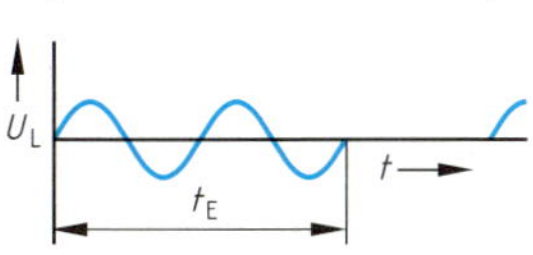

- P_0 Leistung ohne Schwingungspaketsteuerung
- U, I Effektivwerte
- P Leistung bei der Schwingungspaketsteuerung
- t_E Dauer der Einschaltung am Verbraucher
- T_S Dauer der Schaltperiode
- $\cos\varphi$ Wirkleistungsfaktor

$$P_0 = U \cdot I \cdot \cos\varphi$$

$$P = \frac{t_E}{T_s} \cdot P_0$$

13

Elektronik

13.11 Operationsverstärker

Invertierender Verstärker

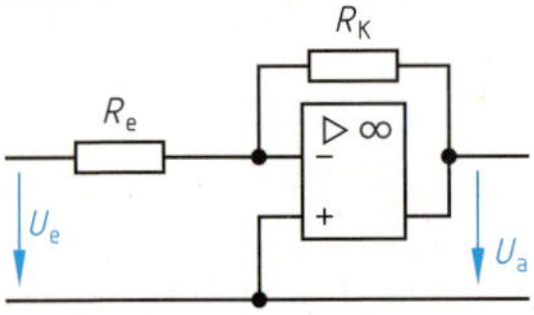

V	Spannungsverstärkungsfaktor
R_k	Rückkopplungswiderstand
R_e	Eingangswiderstand
U_a	Ausgangsspannung
U_e	Eingangsspannung

$$V = \frac{U_a}{U_e}$$

$$V = -\frac{R_K}{R_e}$$

$$U_a = -\frac{R_K}{R_e} \cdot U_e$$

Nichtinvertierender Verstärker

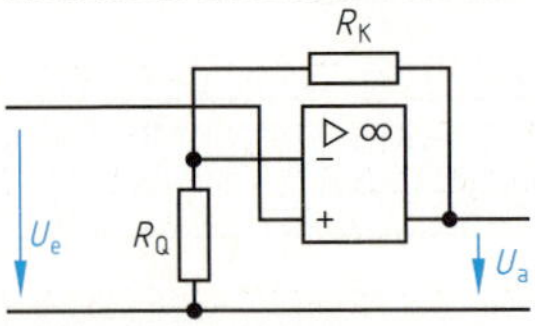

V	Spannungsverstärkungsfaktor
R_k	Rückkopplungswiderstand
R_Q	Querwiderstand
U_a	Ausgangsspannung
U_e	Eingangsspannung

$$V = \frac{U_a}{U_e}$$

$$V = 1 + \frac{R_K}{R_Q}$$

$$U_a = \left(1 + \frac{R_K}{R_Q}\right) \cdot U_e$$

Differenzverstärker (Subtrahierer)

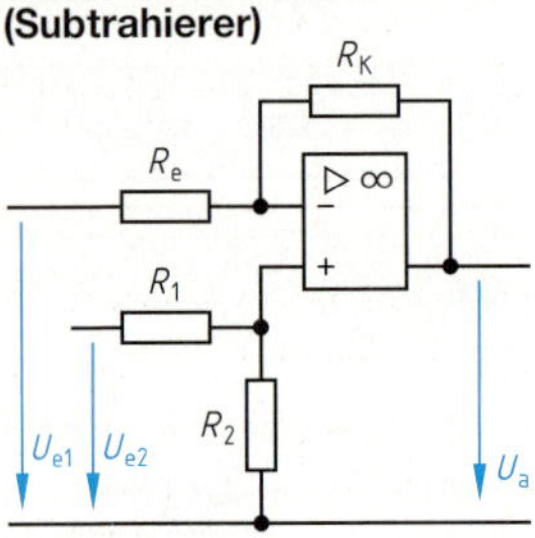

V_1	Spannungsverstärkungsfaktor am invertierenden Eingang (–)
V_2	Spannungsverstärkungsfaktor am nichtinvert. Eingang (+)
U_{e1}	Spannung am invertierenden Eingang (–)
U_{e2}	Spannung am nichtinvertierenden Eingang (+)
U_a	Ausgangsspannung
R_e, R_1	Eingangswiderstand
R_2	Beschaltungswiderstand
R_K	Rückkopplungswiderstand

$$V_1 = \frac{U_a}{U_{e1}} \quad (\text{bei } U_{e2} = 0\,\text{V})$$

$$V_1 = -\frac{R_K}{R_e}$$

$$V_2 = \frac{U_a}{U_{e2}} \quad (\text{bei } U_{e1} = 0\,\text{V})$$

$$V_2 = \frac{1 + \frac{R_K}{R_e}}{1 + \frac{R_1}{R_2}}$$

$$U_a = V_2 \cdot U_{e2} + V_1 \cdot U_{e1}$$

Summierverstärker (Addierer)

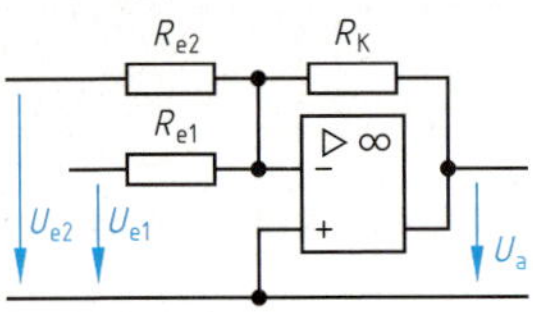

R_K	Rückkopplungswiderstand
$R_{e1} \ldots R_{en}$	Eingangswiderstände
$U_{e1} \ldots U_{en}$	Eingangsspannungen
U_a	Ausgangsspannung
V	Spannungsverstärkungsfaktor
$V_1 .. V_n$	Spannungsverstärkungsfaktoren der Eingänge 1 … n

$$V_1 = -\frac{R_K}{R_{e1}}$$

$$V_2 = -\frac{R_K}{R_{e2}}$$

$$U_a = V_1 \cdot U_{e1} + V_2 \cdot U_{e2} + \ldots$$

Differenzierer

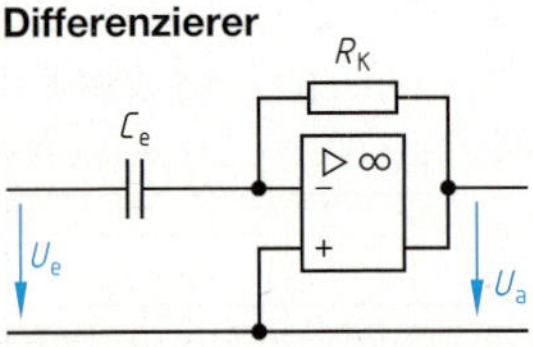

V	Verstärkungsfaktor für $U_\sim$
f	Frequenz
R_k	Rückkopplungswiderstand
C_e	Eingangskondensator
U_a	Ausgangsspannung
Δu_e	Eingangsspannungsänderung
Δt	Zeit für Δu_e

$$V = 2\pi \cdot f \cdot R_k \cdot C_e$$

Für linear ansteigende Eingangsspannung gilt:

$$U_a = -R_k \cdot C_e \frac{\Delta u_e}{\Delta t}$$

Integrierer

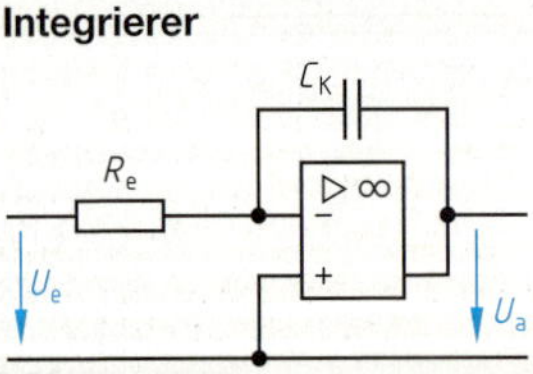

V	Verstärkungsfaktor für $U_\sim$
f	Frequenz
C_k	Rückkopplungskondensator
R_e	Eingangswiderstand
Δu_a	Ausgangsspannungsänderung
U_2	Eingangsspannung
Δt	Zeitdauer der Änderung

$$V = \frac{1}{2\pi \cdot f \cdot R_e \cdot C_k}$$

Für Rechteckspannung gilt:

$$\Delta u_a = -\frac{U_e}{R_e \cdot C_k} \cdot \Delta t$$

14 Regelungstechnik

14.1 Regelstrecken

Proportionalstrecke (P-Strecke)

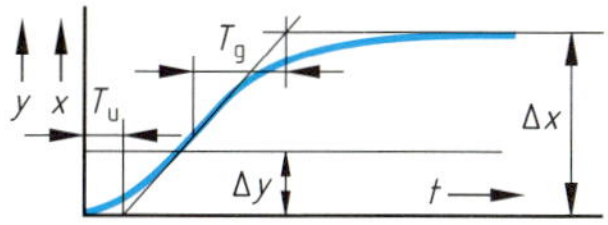

- K_S Übertragungsbeiwert der Proportionalstrecke
- Δx Änderung der Regelgröße
- Δy Änderung der Stellgröße
- T_u Verzugszeit
- T_g Ausgleichszeit

$$K_S = \frac{\Delta x}{\Delta y}$$

schlecht regelbar $\Leftarrow 3 \geq \frac{T_g}{T_u} \geq 10 \Rightarrow$ gut regelbar

Integralstrecke (I-Strecke)

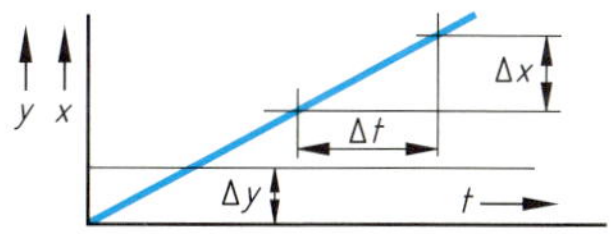

- K_{IS} Übertragungsbeiwert der Integralstrecke
- Δx Änderung der Regelgröße
- Δy Änderung der Stellgröße
- Δt Zeitdauer der Regelgrößenänderung

$$K_{IS} = \frac{\Delta x}{\Delta t \cdot \Delta y}$$

14.2 Unstetiges Regeln (bei 100 % Leistungsüberschuss)

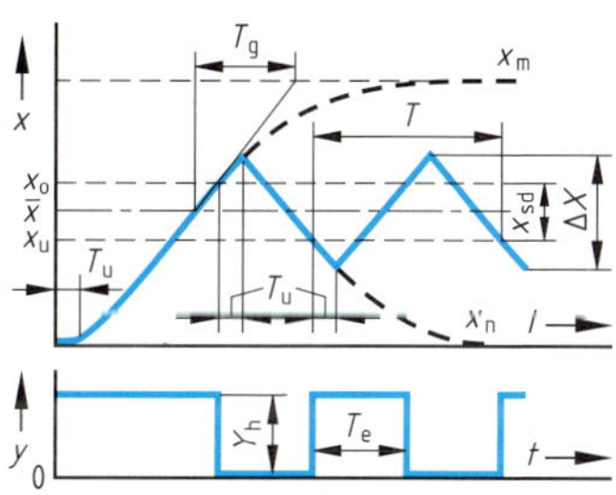

- $\bar{x}$ Sollwert der Regelgröße (Mittelwert)
- x_m oberer Grenzwert, Beharrungswert
- x_n unterer Grenzwert, Anfangswert
- ΔX Schwankungsbreite der Regelgröße
- x_{sd} Schaltdifferenz des Reglers
- Y_h Stellbereich
- T_g Ausgleichszeit
- T_u Verzugszeit
- K_S Übertragungsbeiwert der Regelstrecke
- T Periodendauer

$$\bar{x} = \frac{x_m - x_h}{2}$$

$$\Delta X = x_{sd} + \frac{K_S \cdot Y_h}{T_g} \cdot T_u$$

$$K_S = \frac{x_m - x_n}{Y_h}$$

$$T = 4 \cdot \left(\frac{x_{sd} \cdot T_g}{K_S \cdot Y_h} + T_u \right)$$

14.3 Stetiges Regeln

P-Regler

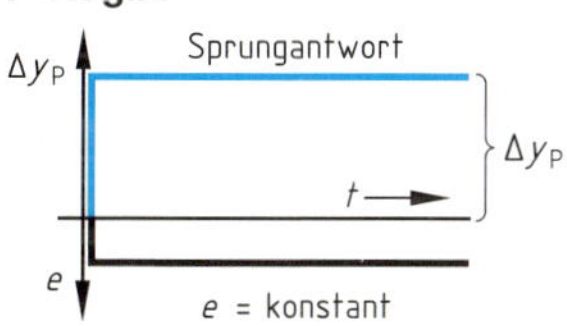

- Δy_P P-Verstellung
- K_{PR} P-Übertragungsbeiwert
- e Regeldifferenz
- w Sollwert, Führungsgröße
- x Istwert, Regelgröße
- Y_h Stellbereich
- X_P Proportionalbereich
- Δy Stellgrößen-Änderung
- V_R Reglerverstärkung

Für alle Regler mit P-Anteil gilt:

$$\Delta y_P = K_{RP} \cdot e \qquad e = w - x$$

$$K_{RP} = \frac{Y_h}{X_P} \qquad V_R = \frac{\Delta y}{e}$$

PI-Regler

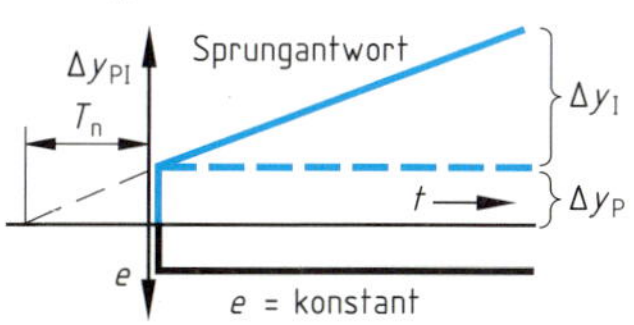

- Δy_I I-Verstellung
- Δy_P P-Verstellung
- Δy_{PI} PI-Verstellung
- K_{RI} I-Übertragungsbeiwert
- K_{RP} P-Übertragungsbeiwert
- e Regeldifferenz
- T_n Nachstellzeit
- t Zeitdauer
- v_{yI} I-Stellgeschwindigkeit

$$\Delta y_I = K_{RI} \cdot e \cdot t \qquad \Delta y_I = v_{yI} \cdot t$$

$$K_{RI} = \frac{v_{yI}}{e} \qquad K_{RI} = \frac{K_{RP}}{T_n}$$

$$\Delta y_{PI} = \Delta y_P + \Delta y_I$$

$$\Delta y_{PI} = K_{RP} \cdot e \cdot (1 + t/T_n)$$

PD-Regler

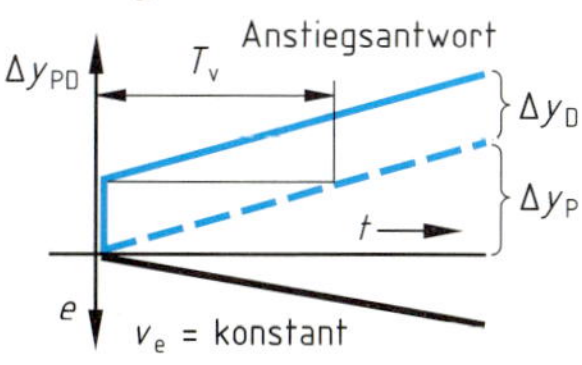

- Δy_D D-Verstellung
- Δy_P P-Verstellung
- Δy_{PD} PD-Verstellung
- K_{RD} D-Übertragungsbeiwert
- K_{RP} P-Übertragungsbeiwert
- e Regeldifferenz
- T_v Vorhaltezeit
- t Zeitdauer
- v_e x-Änderungsgeschwindigkeit

$$\Delta y_D = K_{RD} \cdot \frac{e}{t} \qquad \Delta y_D = K_{RD} \cdot v_e$$

$$K_{RD} = \frac{\Delta y_D}{v_e} \qquad K_{RD} = K_{RP} \cdot T_v$$

$$\Delta y_{PD} = \Delta y_P + \Delta Y_D$$

$$\Delta y_{PD} = K_{RP} \cdot v_e \cdot (t + T_v)$$

Tabelle 7: Werkstoffwerte von Metallen (und Kohle)

Stoff	Kurzzeichen	Spezifischer Widerstand ϱ_{20} $\frac{\Omega \cdot mm^2}{m}$	Elektrische Leitfähigkeit γ $\frac{m}{\Omega \cdot mm^2}$	Dichte ϱ $\frac{kg}{dm^3}$	Temperaturkoeffizient α $\frac{1}{K}$	Längenausdehnungskoeffizient α_l in 10^{-6}/K (zwischen 0 und 100 °C)	Spezif. Wärmekapazität c $\frac{kJ}{kg \cdot K}$	Schmelztemperatur °C
Aluminium	Al	0,0278	36	2,7	0,004	23,8	0,921	658
Blei	Pb	0,208	4,8	11,34	0,00422	29,4	0,130	327
Chrom	Cr	0,130	6,7	7,19	–	6,2	0,452	1890
Eisen (rein)	Fe	0,1	10	7,87	0,00657	11,5	0,461	1539
Gusseisen	GG	–	–	7,25	0,005	10,5	0,80	≈ 1200
Gold	Au	0,022	45,7	19,3	0,00398	14,2	0,130	1063
Kadmium	Cd	0,077	13	8,64	0,0042	29,4	0,234	321
Kobalt	Co	0,062	16,1	8,9	0,0066	12,6	0,419	1490
Kohle	–	100	0,01	2,0	–0,0005	6,0	0,5	≈ 3540
Kupfer (99,9 %)	Cu	0,0178	56	8,9	0,0039	17,0	0,389	1085
Lithium	Li	0,086	–	0,534	–	56	0,294	179
Magnesium	Mg	0,044	22,7	1,74	0,0041	26	1,047	650
Mg-Legierungen	–	0,08…0,05	12…20	≈ 1,8	≈0,0022	≈ 24,0	1,0	650
Mangan	Mn	1,85	0,54	7,43	0,0053	23,0	0,502	1245
Molybdän	Mo	0,047	21	10,2	0,0047	5,1	0,272	2620
Nickel	Ni	0,095	10,5	8,85	0,0055	13,0	0,461	1452
Platin	Pt	0,098	10,2	21,5	0,0038	9,0	0,134	1770
Quecksilber	Hg	0,9406	1,063	13,5	0,0009	γ = 182	0,138	–38,9
Silber	Ag	0,0167	60	10,5	0,0041	19,3	0,234	960
Stahl unlegiert und niedrig legiert	–	–	–	≈ 7,85	–	11,5	0,49	≈ 1440
Stahl nichtrostend	–	–	–	7,8	–	16	0,50	1450
Stahl nicht magnetisierbar	–	–	–	8,0	–	–	–	1450
Tantal	Ta	0,15	6,67	16,7	0,0034	6,5	0,14	3030
Titan	Ti	0,8	1,25	4,54	0,00564	8,4	5,46	1670
Wismut	Bi	1,07	0,94	9,8	0,0045	13,4	0,126	270
Wolfram	W	0,055	18,2	19,3	0,0046	4,5	0,142	3370
Zink	Zn	0,0625	16	7,14	0,0042	29,8	0,394	419
Zinn	Sn	0,115	8,7	7,28	0,00463	27	0,226	232

Tabelle 8: Werkstoffwerte von Legierungen

Stoff	Spezifischer Widerstand ϱ_{20} $\frac{\Omega \cdot mm^2}{m}$	Elektrische Leitfähigkeit γ $\frac{m}{\Omega \cdot mm^2}$	Dichte ϱ $\frac{kg}{dm^3}$	Temperaturkoeffizient α $\frac{1}{K}$	Längenausdehnungskoeffizient α_l in 10^{-6}/K	Spezif. Wärmekapazität c $\frac{kJ}{kg \cdot K}$	Schmelztemperatur °C
CuNi 44 (Konstantan)	0,49	2,04	8,9	0,00004	15,2	0,410	1280
CuNi 30 Mn (Nickelin)	0,4	2,5	8,8	0,00015	16	0,398	1180
CuMn 12 Ni (Manganin)	0,43	2,33	8,4	0,00001	19,5	0,406	980
AlMgSi (Aldrey)	0,0328	30,5	2,7	0,0036	23	–	–

Tabelle 9: Elektrochemische Äquivalente und Wertigkeit

Werkstoff		Wertigkeit	Elektrochemisches Äquivalent c in g/Ah	Elektrochemisches Äquivalent c in mg/As	Werkstoffe		Wertigkeit	Elektrochemisches Äquivalent c in g/Ah	Elektrochemisches Äquivalent c in mg/As
Aluminium	Al	3	0,335	0,093	Magnesium	Mg	2	0,454	0,126
Blei	Pb	2	3,865	1,074	Nickel	Ni	2	1,095	0,304
Blei	Pb	4	1,932	0,5368	Platin	Pt	4	1,820	0,5055
Chrom	Cr	3	0,647	0,179	Quecksilber	Hg	2	3,742	1,039
Eisen	Fe	2	1,042	0,289	Quecksilber	Hg	1	7,484	2,079
Eisen	Fe	3	0,694	0,192	Silber	Ag	1	4,025	1,118
Gold	Au	1	7,349	2,0414	Zink	Zn	2	1,220	0,339
Gold	Au	3	2,452	0,681	Zinn	Sn	2	2.214	0,615
Kadmium	Cd	2	2,097	0,582	Zinn	Sn	4	1,107	0,3075
Kupfer	Cu	1	2,372	0,659	Sauerstoff	O	2	0,299	0,083
Kupfer	Cu	2	1,186	0,329	Wasserstoff	H	1	0,038	0,0105

Tabelle 10: Verlegearten von Kabeln und isolierten Leitungen		DIN VDE 0298, Teil 4 (Auszug)
Verlegeart		**Verlegebedingungen (Wichtige Beispiele)**
A1	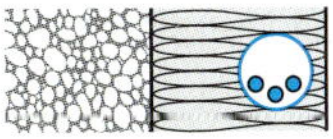	Referenzverlegeart*: Verlegung in wärmegedämmten Wänden • Aderleitungen im Elektroinstallationsrohr, • Aderleitungen in Formleisten oder in Formteilen.
A2	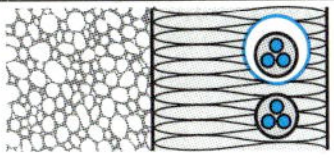	• Mehradrige Kabel oder mehradrige Mantelleitungen im Elektroinstallationsrohr, • mehradrige Kabel oder mehradrige Mantelleitungen in einer wärmegedämmten Wand.
B1	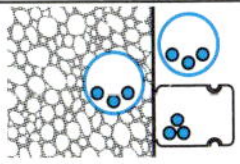	Referenzverlegeart: Verlegung in Elektroinstallationsrohren • Aderleitungen im Elektroinstallationsrohr auf oder in der Wand, • Aderleitungen, einadrige Kabel oder Mantelleitungen im Elektroinstallationskanal.
B2	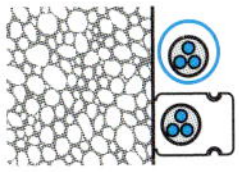	• Mehradrige Kabel oder Mantelleitungen im Elektroinstallationsrohr auf der Wand, • mehradrige Kabel oder Mantelleitungen im Elektroinstallationskanal, • mehradrige Kabel oder Mantelleitungen im Sockelleisten- oder im Unterflurkanal.
C	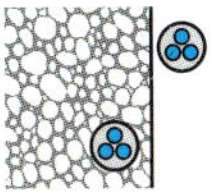	Referenzverlegeart: Verlegung direkt auf dem Untergrund (Wand) • Ein- oder mehradrige Kabel oder Mantelleitungen auf oder in der Wand oder unter der Decke, • Stegleitungen im oder unter Putz.
D	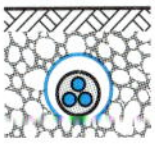	Referenzverlegeart: Verlegung in der Erde • Mehradriges Kabel oder mehradrige ummantelte Installationsleitung im Elektroinstallationsrohr oder im Kabelschacht in der Erde
E	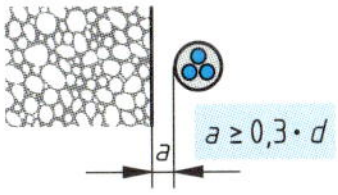	Referenzverlegeart: Verlegung frei in der Luft • Mehradrige Kabel oder mehradrige Mantelleitungen frei in der Luft verlegt mit einem Mindestabstand zur Wand $a \geq 0{,}3 \cdot d$ (d = Leitungsdurchmesser), • Kabel oder Leitungen auf gelochten Kabelrinnen oder auf Kabelkonsolen.
F	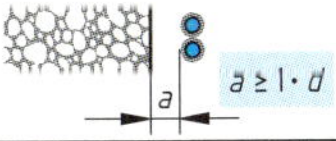	• Einadrige Kabel oder einadrige Mantelleitungen mit gegenseitiger Berührung verlegt mit einem Mindestabstand $a \geq 1 \cdot d$ zur Wand.
G	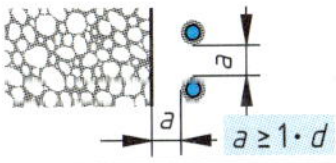	• Einadrige Kabel oder einadrige Mantelleitungen mit einem gegenseitigen Abstand $a \geq 1 \cdot d$ verlegt und einem Mindestabstand zur Wand $a \geq 1 \cdot d$, • Blanke Leiter oder Aderleitungen auf Isolatoren.

* Referenzverlegeart: Merkmal der Verlegeart, z. B. in wärmegedämmten Wänden oder frei in der Luft

Tabelle 11: Bemessungswert I_r der Strombelastbarkeit von Kabeln und Leitungen für feste Verlegung in den Verlegearten A1, A2, B1, B2, C und D bei einer Umgebungstemperatur von 30 ° Nach DIN VDE 0298, Teil 4

Verlegeart	A1		A2		B1		B2		C		D	
belastete Adern	2	3	2	3	2	3	2	3	2	3	2	3
Nennquerschnitt in mm² Cu	Bemessungswert I_r der Strombelastbarkeit in A für PVC-isolierte Kabel und Leitungen mit einer Betriebstemperatur am Leiter bis 70 °C											
1,5	15,5	13,5	15,5	13	17,5	15,5	16,5	15	19,5	17,5	18,5	15,5
2,5	19,5	18	18,5	17,5	24	21	23	20	27	24	25	21
4	26	24	25	23	32	28	30	27	36	32	32	27
6	34	31	32	29	41	36	38	34	46	41	40	34
10	46	42	43	39	57	50	52	46	63	57	54	45
16	61	56	57	52	76	68	69	62	85	76	69	59
25	80	73	75	68	101	89	90	80	112	96	88	76
35	99	89	92	83	125	110	111	99	138	119	106	91

Bemessungswerte I_r für die Verlegearten E, F und G siehe DIN VDE 0298, Teil 4 oder Tabellenbuch Elektrotechnik

Tabelle 12: Zuordnung von Leitungsschutzsicherungen gG und LS-Schaltern Typ B, C und D mit einem Abschaltstrom $I_a \leq 1{,}45 \cdot I_n$, zu den Nennquerschnitten isolierter Leitungen bei Dauerbetrieb (umgerechnet auf eine Umgebungstemperatur von 25 °C)

Nach DIN VDE 0298, Teil 4 (Auszug)

Verlegeart	A1		A2		B1		B2		C		D	
belastete Adern	2	3	2	3	2	3	2	3	2	3	2	3
Nennquerschnitt in mm² Cu	Bemessungsstrom I_n der Überstrom-Schutzeinrichtung in A für PVC-isolierte Kabel und Leitungen* mit einer Betriebstemperatur am Leiter bis 70 °C											
1,5	16	10 (13)	16	13	16	16	16	16	20	16	16	16
2,5	20	16	16	16	25	20	20	20	25	25	25	20
4	25	25	25	20	25 (32)	25	25	25	35 (32)	25 (32)	25 (32)	25
6	35 (32)	25 (32)	25 (32)	25	35 (40)	35 (32)	35 (40)	35 (32)	35 (40)	35 (40)	35 (40)	35 (32)
10	35 (40)	35 (40)	35 (40)	35 (40)	50	50	50	35 (40)	63	50	50	35 (40)
16	63	50	50	50	80	63	63	63	80	80	63	63
25	80	63	63	63	100	80	80	80	100	100	80	80
35	100	80	80	80	125	100	100	100	125	125	100	80

* Häufung von Leitungen nicht berücksichtigt; abweichende Bemessungsströme für LS-Schalter in Klammern

Tabelle 13: Umrechnungsfaktoren f_1 für abweichende Umgebungstemperaturen

Nach DIN VDE 0298, Teil 4

Umgebungs-temperatur in °C	10	15	20	25	30	35	40	45	50	55	60	65	70
PVC-Isolation	1,22	1,17	1,12	1,06	1,0	0,94	0,87	0,79	0,71	0,61	0,5	–	–
Gummi-Isolation	1,29	1,22	1,15	1,08	1,0	0,91	0,82	0,71	0,58	0,41	–	–	–
ERP-Isolation	1,18	1,14	1,1	1,05	1,0	0,95	0,89	0,84	0,77	0,71	0,63	0,55	0,45

Tabelle 14: Umrechnungsfaktoren f_2 für Häufung von Kabeln oder Leitungen

Nach DIN VDE 0298, Teil 4

Anordnung der Leitungen		Anzahl der mehradrigen Leitungen oder Anzahl der Wechsel- oder Drehstromkreise aus einadrigen Leitungen							
		1	2	3	4	5	6	7	8
Gebündelt direkt auf der Wand oder Fußboden, im Elektroinstallationsrohr oder -kanal, auf oder in der Wand		1,0	0,8	0,7	0,65	0,6	0,57	0,54	0,52
Einlagig auf der Wand oder Fußboden mit Berührung		1,0	0,85	0,79	0,75	0,73	0,72	0,72	0,71
Einlagig unter der Decke mit Berührung		0,95	0,81	0,72	0,68	0,66	0,64	0,63	0,62

Strombelastbarkeit I_Z von Kabeln und Leitungen bei abweichenden Betriebsbedingungen und Zuordnung der Überstrom-Schutzeinrichtung:

- I_r Bemessungswert der Strombelastbarkeit für Kabel und Leitungen bei der Umgebungstemperatur 30°C
- I_Z Strombelastbarkeit von Kabeln und Leitungen bei abweichenden Betriebsbedingungen, z. B. Häufung oder abweichende Umgebungstemperatur
- I_n Bemessungsstrom der Überstrom-Schutzeinrichtung
- f_1 Umrechnungsfaktor für abweichende Umgebungstemperatur
- f_2 Umrechnungsfaktor für Häufung von Kabeln oder Leitungen

$$I_Z = I_r \cdot f_1 \cdot f_2$$

$$I_n \leq I_Z$$

Tabelle 15: Wichtige Mindestquerschnitte von elektrischen Leitern

Kabel und Leitungen		Stromkreisart	Leiter-werkstoff	Mindestquer-schnitt in mm²
Bei fester Verlegung	Kabel, Mantelleitungen und Aderleitungen	Leistungs- und Beleuchtungsstromkreise	Cu Al	1,5 16
		Melde- und Steuerstromkreise	Cu	0,5
	blanke Leiter	Leistungsstromkreise	Cu	10
		Melde- und Steuerstromkreise	Cu	4
Bewegliche Leitungen			Cu	0,75

Tabellen 15

Tabelle 16: Fertigungswerte für Widerstände und Kondensatoren (E-Reihen) Nach DIN IEC 63

Reihe	Toleranz	Grundwerte											
E 6	± 20 %	1,0		1,5		2,2		3,3		4,7		6,8	
E 12	± 10 %	1,0	1,2	1,5	1,8	2,2	2,7	3,3	3,9	4,7	5,6	6,8	8,2
E 24	± 5 %	1,0 3,3	1,1 3,6	1,2 3,9	1,3 4,3	1,5 4,7	1,6 5,1	1,8 5,6	2,0 6,2	2,2 6,8	2,4 7,5	2,7 8,2	3,0 9,1
E 48	± 2%	1,00 1,78 3,16 5,62	1,05 1,87 3,32 5,90	1,10 1,96 3,48 6,19	1,15 2,05 3,65 6,49	1,21 2,15 3,83 6,81	1,27 2,26 4,02 7,15	1,33 2,37 4,22 7,50	1,40 2,49 4,42 7,87	1,47 2,61 4,64 8,25	1,54 2,74 4,87 8,66	1,62 2,87 5,11 9,09	1,69 3,01 5,36 9,53
E 96	± 1 %	1,00 1,33 1,78 2,37 3,16 4,22 5,62 7,50	1,02 1,37 1,82 2,43 3,24 4,32 5,76 7,68	1,05 1,40 1,87 2,49 3,32 4,42 5,90 7,87	1,07 1,43 1,91 2,55 3,40 4,53 6,04 8,06	1,10 1,47 1,96 2,61 3,48 4,64 6,19 8,25	1,13 1,50 2,00 2,67 3,57 4,75 6,34 8,45	1,15 1,54 2,05 2,74 3,65 4,87 6,49 8,66	1,18 1,58 2,10 2,80 3,74 4,99 6,65 8,87	1,21 1,62 2,15 2,87 3,83 5,11 6,81 9,09	1,24 1,65 2,21 2,94 3,92 5,23 6,98 9,31	1,27 1,69 2,26 3,01 4,02 5,36 7,15 9,53	1,30 1,74 2,32 3,09 4,12 5,49 7,32 9,76

Tabelle 17: Farbkennzeichnung von Widerständen

Farbe der Ringe bzw. Punkte		1. Ring: 1. Ziffer	2. Ring: 2. Ziffer	3. Ring: Multiplikator	4. Ring: Toleranz in %	Temperaturkoeffizient
nach DIN EN 60 062	nach IEC 757	Widerstandswert in Ω				
schwarz (sw)	BK (black)	–	0	1	–	$\pm 250 \cdot 10^{-6}$/K
braun (br)	BN (brown)	1	1	10	± 1	$\pm 100 \cdot 10^{-6}$/K
rot (rt)	RD (red)	2	2	10^2	± 2	$\pm 50 \cdot 10^{-6}$/K
orange (or)	OG (orange)	3	3	10^3	–	$\pm 15 \cdot 10^{-6}$/K
gelb (gb)	YE (yellow)	4	4	10^4	–	$\pm 25 \cdot 10^{-6}$/K
grün (gn)	GN (green)	5	5	10^5	± 0,5	$\pm 20 \cdot 10^{-6}$/K
blau (bl)	BU (blue)	6	6	10^6	± 0,25	$\pm 10 \cdot 10^{-6}$/K
violett (vi)	VT (violet)	7	7	10^7	± 0,1	$\pm 5 \cdot 10^{-6}$/K
grau (gr)	GY (grey)	8	8	10^8	–	$\pm 1 \cdot 10^{-6}$/K
weiß (ws)	WH (white)	9	9	10^9	–	–
gold (au)	GD (gold)	–	–	0,1	± 5	–
silber (ag)	SR (silver)	–	–	0,01	±10	–
ohne Farbe		–	–	–	± 20	–

Bei einem Widerstand mit 5 oder 6 Farbringen gibt der 1. Ring die 1. Ziffer, der 2. Ring die 2. Ziffer und der 3. Ring die 3. Ziffer an. Der 4. Ring kennzeichnet den Multiplikator, der 5. Ring die Toleranz und der 6. Ring den Temperaturkoeffizienten.

Tabelle 18: Wertkennzeichnung von Widerständen durch Buchstaben Nach DIN EN 60062

Wertkennzeichnung	R 22	4 R 7	33 R	82K	M 33	5 M 6	22 M	4G7	10 T
Widerstandswert	0,22 Ω	4,7 Ω	33 Ω	82 kΩ	0,33 MΩ	5,6 MΩ	22 MΩ	4,7 GΩ	10 TΩ

Tabelle 19: Schutzarten elektrischer Betriebsmittel

Nach DIN VDE 0470

Aufbau des Kurzzeichens:
Kennbuchstaben: IP (Abkürzung für: International Protection, engl. = internationaler Schutz)
1. Kennziffer: Schutzgrade gegen Berühren und Eindringen von Fremdkörpern
2. Kennziffer: Schutzgrade gegen Eindringen von Wasser
Ist für ein Betriebsmittel nur eine der beiden Schutzarten angegeben, so steht an der Stelle der fehlenden Kennziffer ein X (Beispiel siehe unten).

1. Kennziffer	Berührungs- und Fremdkörperschutz	2. Kennziffer	Wasserschutz
0	kein Berührungs- und Fremdkörperschutz	0	kein Wasserschutz
1	Schutz gegen Fremdkörper mit einem Durchmesser größer als 50 mm	1	Schutz gegen senkrecht tropfendes Wasser
2	Schutz gegen Fremdkörper mit einem Durchmesser größer als 12,5 mm	2	Schutz gegen schrägfallendes Tropfwasser (bis 15° gegen die Senkrechte)
3	Schutz gegen Fremdkörper mit einem Durchmesser größer als 2,5 mm	3	Schutz gegen Sprühwasser (bis 60° gegen die Senkrechte)
4	Schutz gegen Fremdkörper mit einem Durchmesser größer als 1 mm	4	Schutz gegen Spritzwasser aus allen Richtungen
5	Schutz gegen schädliche Staubablagerung im Innern (staubgeschützt)	5	Schutz gegen Strahlwasser (aus einer Düse) aus allen Richtungen
6	Schutz gegen Eindringen von Staub (staubdicht)	6	Schutz gegen starken Wasserstrahl oder schwere See
		7	Schutz gegen Wasser bei Eintauchen des Betriebsmittels (unter festgelegten Druck- und Zeitbedingungen)
		8	Schutz bei dauerndem Untertauchen des Betriebsmittels, auch unter Druck

IP-Kennzeichnung durch Zusatzbuchstaben
Dritte Stelle: Zusätzlicher Berührungsschutz
A Handrückenschutz, B Fingerschutz, C Werkzeugschutz, D Drahtschutz
Vierte Stelle: Ergänzende Buchstaben
H Betriebsmittel für Hochspannung. M Geprüft auf Wassereintritt, wenn bewegliche Teile in Betrieb sind. S Geprüft auf Wassereintritt, wenn bewegliche Teile im Stillstand sind. W Geprüft bei festgelegten Witterungsbedingungen.

Beispiele für Schutzarten elektrischer Betriebsmittel

Schutzart	Schutzumfang und Beispiel
IP 6X	Schutz gegen Eindringen von Staub unter Druck. Kein Schutz gegen schädliches Eindringen von Wasser; Beispiel: Leuchten in Räumen mit brennbarem Staub.
IP 21	Schutz gegen Berühren und Eindringen von Fremdkörpern mit einem Durchmesser größer als 12 mm. Schutz gegen senkrecht tropfendes Wasser. Beispiel: Elektromotoren in Kessel- und Maschinenhäusern.
IP 44	Schutz gegen Fremdkörper mit einem Durchmesser größer als 1 mm. Schutz gegen Spritzwasser aus allen Richtungen. Beispiel: Steckvorrichtung (spritzwassergeschützt).

Bildzeichen zur Angabe der Schutzart

Bildzeichen	 Tropfwassergeschützt	 regengeschützt	 Spritzwassergeschützt	 Strahlwassergeschützt	 Wasserdicht	 ...bar Druckwasserdicht	 Staubgeschützt	 Staubdicht
Beispiel:	IP X1	IP X3	IP X4	IP X5	IP X7	IP X8	IP 5X	IP 6X

* siehe vordere bzw. hintere Innen-Umschlagseite